Kaja Grundmeyer

GESUNDE PFERDE

durch die Kraft der Heilkräuter

Müller Rüschlikon

Vorwort

Vor fast genau 15 Jahren saß ich an meinem Schreibtisch und verfasste die erste Fassung dieses Buches. Über die Jahre hinweg wurde es immer wieder aufgelegt und überarbeitet, doch bei dieser, für mich gefühlten Jubiläumsausgabe, wird sich einiges ändern. Ich möchte Sie noch mehr in die Welt der Kräuter mitnehmen. Sie hat nicht nur für unsere Pferde, sondern auch für uns Menschen viele wertvolle, heilende Kräuter parat. Die Kräuterheilkunde ist fester Bestandteil zur Vorbeugung und Behandlung von Erkrankungen geworden, es gibt in Apotheken eine Vielzahl pflanzlicher Mittel. Kräutertees finden gerne und häufig Verwendung. Mittlerweile gibt es sehr viele Hersteller, die fertige Mischungen anbieten und eine Vielzahl an Fertigpräparaten. Dennoch ist es immer noch am besten, sich etwas Zeit zu nehmen und eine individuelle Kur für sein Pferd zu erstellen.
Der Urinstinkt, die richtigen Pflanzen zu finden, ist allerdings nicht bei allen Pferden aktiv, es gibt auch Pferde, die Giftpflanzen in großen Mengen fressen. Es ist unklar, warum dies so ist. Vermutet wird, dass es einen Zusammenhang zwischen den verschiedenen Pferderassen und den Herkunftsländern der einzelnen Rassen gibt, denn unterschiedliche Länder bedeuten auch unterschiedliche Pflanzen und Instinkte.
Leider kommt es in der heutigen Zeit durch intensive Beweidung, der Winterzeit ohne Weiden und unterschiedlichen Gegenden mit unterschiedlichen Pflanzen, kaum noch vor, dass den Pferden die Pflanzen zu Verfügung stehen, die sie brauchen, um sich selbst zu heilen.
So liegt es an uns Menschen, die Kräuter herauszufinden, die unsere Pferde benötigen, und die sie, wenn sie könnten, in der Natur selbst zu sich nehmen würden.

Damit Sie in Zukunft nicht nur Ihren Pferden etwas Gutes tun können, sondern auch sich selbst, finden Sie in dieser Auflage auch Information zur Anwendung am Menschen.
Außerdem war es mir wichtig, Ihnen jede einzelne Pflanze noch näher zu bringen. Aus diesem Grund finden Sie bei den einzelnen Pflanzenportraits die Rubrik »Altes Wissen und Wissenswertes« rund um die Heilpflanze.

Dieses Buch soll Ihnen eine Hilfe sein, die richtigen Kräuter für Ihr Pferd und auch für Sie selbst zu finden. Es ersetzt aber keinesfalls den fachkundigen Rat und die fundierte Diagnose eines Tierarztes oder Heilpraktikers, die jeder Behandlung mit Heilkräutern vorausgehen sollte!
Ich hoffe, Sie haben Spaß beim Lesen, Suchen, Finden, Mischen und vielleicht sogar beim Herstellen von Kräuterprodukten.

Ihre
Kaja Grundmeyer

Einführung in die Kräuterheilkunde

Geschichte der Kräuterheilkunde

Die Kräuterheilkunde ist seit Jahrtausenden ein wichtiger Bestandteil in der Behandlung von Krankheiten. Menschen wie auch Tiere nutzen die Heilkraft der Pflanzen seit Menschengedenken. Unsere frühen Vorfahren setzten zum Auswählen der richtigen Kräuter sicherlich ihre eigenen Instinkte ein, aber auch die Instinkte der Tiere. Sie beobachteten kranke Tiere und deren Fressverhalten und wendeten die Kräuter, die den Tieren halfen, dann bei sich an.

Die Instinkte des Menschen, die richtigen Pflanze zur Behandlung der jeweiligen Erkrankungen zu finden, haben sich leider im Zuge der Evolution zurückentwickelt.

Die Instinkte wurden durch die Erprobungs- und Erfahrungswissenschaften der Menschen ersetzt und durch mündliche und schriftliche Überlieferungen von Generation zu Generation als Erfahrungsschatz weitergegeben. Tiere verlassen sich in der Auswahl der richtigen Pflanzen noch heute auf ihre Instinkte. In der Natur lässt sich dies sehr schön bei wild lebenden Tieren beobachten.

Gämsen wälzen sich bei Verletzungen auf dem Alpenwegerich, er wirkt wundheilungsfördernd, blutstillend und leicht antibakteriell. Wölfe hingegen fressen bei Verdauungs- und Darmstörungen so lange Brennnesseln, bis sie sich übergeben können. Die Liste von Beobachtungen dieser Art lässt sich beliebig fortsetzen. Auch unsere Pferde haben sich zum Teil diese Instinkte bis in die heutige Zeit bewahrt und wählen bei Erkrankungen instinktiv die richtigen Kräuter. Leider kommt es durch die intensive Beweidung und den dadurch bedingten Mangel an Heilpflanzen auf den Weiden kaum noch vor, dass unseren Pferden die Pflanzen zur Verfügung stehen, die sie bräuchten, um sich selbst zu heilen. So liegt es an uns Menschen, die Kräuter herauszufinden, die unsere Pferde benötigen.

Die Entwicklung der Kräuterheilkunde

Einer der ältesten Kräuterfunde stammt aus einem ca. 60.000 Jahre alten Grab im Irak, wohingegen die älteste Aufzeichnung über Heilkräuter erst aus dem Jahre 4000 v. Chr. stammen. Auf einer summerischen Tontafel werden Lorbeer, Kümmel, Fenchel und Thymian erwähnt.

Erste Hinweise in der Literatur, die eine Kräuteranwendung bei Tieren beschreiben, finden sich hingegen erst im 17. Jahrhundert. Auf allen Kontinenten der Erde werden seit Menschengedenken Kräuter in der Medizin genutzt. Im Laufe der Zeit entstanden immer mehr Therapieformen, die sich die Kräuter zunutze machten. Wie zum Beispiel die um 1900 v. Chr. entstandene indische Heilkunst der Ayurveda.

Über die Jahrhunderte hinweg beschäftigten sich viele Ärzte und Heilkundige, wie Hippokrates, Pythagoras von Samos, Paracelsus, Hildegard von Bingen, um hier nur einige zu nennen, mit der Heilkraft der Pflanzen, und stellten immer neue Studien an. Die Kräuter waren bis ins 19. Jahrhundert eine der wichtigsten Therapieformen, die bei Erkrankungen zur Verfügung standen.

Trotz allem Fortschritt musste die Kräuterheilkunde im Laufe der Geschichte viele Rückschläge erleben. So galten die germanischen Heilkünste ab 391 n. Chr. als heidnisch und wurden verboten. Das folgende Mittelalter wurde stark geprägt durch den Aberglauben der Menschen, Frauen die in der Heilkunde tätig waren, mussten dies von nun an heimlich tun. Von der Kirche wurde ihr Können als heidnisch angesehen und als Bedrohung des Volkes. So wurde den Frauen unter Androhung des Todes untersagt, als Heilerinnen tätig zu sein.

Der traurige Höhepunkt dieser Zeit war die Hexenverfolgung, die erst 1775 mit der letzten Hexenverbrennung endete. Neben den Verfolgungen durch die Kirche, war es den Frauen auch untersagt, Lesen und Schreiben zu lernen. Dadurch ist das Wissen alter germanischer Kräuterfrauen fast gar nicht überliefert, damit fehlt uns ein wichtiges Erfahrungsstück der Kräuterheilkunde.

Parallel zu diesen schrecklichen Ereignissen machte die Heilkräutererforschung in anderen Bereichen, z.B. in Klöstern, bei Ärzten etc. rasante Fortschritte. Auch in anderen Ländern erlangte man immer neue Erkenntnisse.

Die Dülmener Wildpferde leben in einem Gehege im Merfelder Bruch (Dülmen, Nordrhein-Westfalen) in einer Herde von ca. 300 Pferden.

Anfang des 20. Jahrhunderts begann der Siegeszug der chemisch-synthetischen Arzneimittel, wodurch die Kräuterheilkunde wieder einen herben Rückschlag erlitt. Viele wirksame Stoffe aus Heilpflanzen wurden isoliert und chemisch verändert, wie z.B. die Acetylsalicylsäure der Weidenrinde. Diese veränderten Reinstoffe haben zwar oft eine bessere und stärkere Wirkung als die Kräuter selbst, aber sie besitzen gleichzeitig auch wesentlich mehr Nebenwirkungen. Heute sind rund 50 bis 70 Prozent aller auf dem Markt befindlichen Medikamente pflanzlichen Ursprungs.

Im 20. Jahrhundert wurde auch der heutige gebräuchliche Name der Kräuterheilkunde eingeführt, der Begriff »Phytotherapie«. Mitte des 20. Jahrhunderts erlangte die Phytotherapie wieder neuen Ruhm und wurde auch bei Schulmedizinern immer beliebter.

Die ersten Fertigpräparate für Mensch und Tier mit Kräuterinhalten entstanden, die im Gegensatz zu Medikamenten mit pflanzlichem Ursprung chemisch unveränderten Bestandteile der Kräuter enthalten. Die Forschung im Bereich der Phytotherapie macht immer größere Fortschritte, es werden neue Erkenntnisse gewonnen und Studien erstellt.

Durch diese Untersuchungen fand man unter anderem heraus, dass oft nur ein Inhaltsstoff einer Pflanze für ihre Heilwirkung verantwortlich ist. So entstanden im Laufe der Zeit Fertigpräparate, die nur diesen einen Stoff enthielten, wie z.B. der wirksame Inhaltsstoff der Mariendistel-Früchte, das Sylimarin.

Es gelang so, eine höhere Heilwirkung bei kleineren Dosen zu erreichen und schädliche oder unwirksame Inhaltsstoffe auszuschleusen.

Mittlerweile gibt es auch zahlreiche gute Fertigpräparate speziell für Pferde. Natürlich sind viele für den Menschen hergestellte Produkte auch für Pferde und andere Tiere geeignet.

Das Interesse an Heilkräutern für Pferde ist derzeit so groß wie nie. Die Erfolge, die man mit ihnen hat, sind immer wieder faszinierend. In den nächsten Jahren wird sich auf diesem Gebiet sicher noch viel tun, denn es gibt etliche Pflanzen, deren Inhaltsstoffe und Heilwirkung noch nicht erforscht sind. So wird die moderne Phytotherapie noch die ein oder andere Überraschung hervorbringen.

ACHTUNG TURNIERREITER!

Vor der Anwendung von Heilkräutern bei Turnierpferden sollte geprüft werden, ob die Kräuter auf der Dopingliste stehen.

Kommission E

Da dieser Begriff Ihnen, wenn Sie sich mit Kräutern beschäftigen, wahrscheinlich häufig begegnen wird, möchte ich an dieser Stelle kurz erläutern, worum es sich bei der Kommission E handelt.

Die Kommission E ist eine selbstständige wissenschaftliche Kommission des ehemaligen Bundesgesundheitsamtes (BGA), des heutigen Bundesinstitutes für Arzneimittel und Medizinprodukte (BfArM). Sie wurde 1978 gegründet und beschäftigt sich damit, Arzneipflanzen zu beurteilen. Sie überprüft Arzneipflanzen auf ihre Wirksamkeit und Unbedenklichkeit und erstellt dann eine so genannte Monographie (Steckbrief).

Es gibt 3 Arten von Monographien

1. Positivmonographien

Die Wirkung der Pflanze wurde bestätigt. Nebenwirkungen bestehen keine oder sind gering.

2. Negativmonographie

Hier überwiegen die Nebenwirkungen gegenüber der Heilwirkung.

3. Nullmonographie

Hier ist die Wirkung nicht nachgewiesen, es gibt aber auch keine schädlichen Wirkungen.

In diesem Buch befinden sich fast ausschließlich Pflanzen, die positiv bewertet wurden. Die Indikationen und Wirkrichtungen, die in diesem Buch bei jeder Pflanze angegeben sind, beschränken sich allerdings nicht ausschließlich auf die von der Kommission E aufgeführten, sondern geben auch die Indikationen und Wirkrichtungen wieder, die ihnen die Erfahrungsheilkunde und Volksmedizin zuordnet.

Anwendung von Heilkräutern bei Pferd und Mensch

Heilkräuter begegnen unseren Pferden fast täglich, z.B. in Form von Löwenzahn, Spitzwegerich, Brennnessel usw., als frische Pflanze auf der Weide oder in getrockneter Form im Heu. Genau aus diesem Grund ist die Heilkräutertherapie eine der natürlichsten Formen, um die Beschwerden von Pferden zu lindern, ihre Erkrankungen zu heilen oder um sie allgemein zu unterstützen.

Die besonderen Stärken der Kräuter liegen in der Behandlung von leichten bis mittelschweren und chronischen Erkrankungen. Außerdem können sie begleitend bei schweren Erkrankungen, zur Nachbehandlung und zur Vorbeugung von Erkrankungen eingesetzt werden.

Bei allen Vorteilen, die die Behandlung mit Heilkräutern bietet, darf man allerdings nie vergessen, dass es sich auch bei Kräutern um ein Arzneimittel handelt, das genauso wie andere Medikamente Nebenwirkungen haben kann.

Deshalb gilt auch bei der Therapie mit Kräutern, immer zuerst den Tierarzt oder Heilpraktiker zu kontaktieren! Denn nur mit einer genauen Diagnose lassen sich die richtigen Kräuter finden, und nur so lässt sich der richtige Weg zu einer erfolgreichen Behandlung einschlagen.

Wann benutze ich Heilkräuter?

Wie bei jedem anderen Therapieverfahren, hat auch die Kräuterheilkunde ihre Stärken in ganz bestimmten Bereichen.

Heilkräuter haben sich vor allem bewährt:

1. bei chronischen Erkrankungen
2. bei leichten bis mittelschweren akuten Erkrankungen
3. begleitend bei schweren Erkrankungen
4. zur Nachbehandlung von Erkrankungen
5. zur Vorbeugung von Erkrankungen

Die Bandbreite der Erkrankungen in diesen Bereichen, die mit Heilkräutern behandelt werden können, ist sehr vielfältig. Es gehören hierzu unter anderem Atemwegserkrankungen, Erkrankungen des Bewegungsapparates, Magen- und Darmerkrankungen, Hauterkrankungen und Stoffwechselerkrankungen.

Viele Pflanzen decken hierbei gleich mehrere Erkrankungsbereiche ab, wie z.B. der Andorn, er hilft sowohl bei Atemwegsproblemen als auch bei Darmerkrankungen.
Aber Heilkräuter dienen nicht nur zur Behandlung von Erkrankungen, sondern haben ihre Stärken auch in folgenden Bereichen:

1. **Prophylaxe von Erkrankungen** (Sommerekzem, Kolik etc.),
2. **Allgemeine Unterstützung des Körpers** (Fellwechsel, Stoffwechsel, Trächtigkeit etc.)
3. **Stärkung des Körpers** (bei alten Pferden, nach schweren Erkrankungen etc.)

Wie benutze ich Heilkräuter?

Man kann Heilkräuter sowohl innerlich als auch äußerlich anwenden, einige Kräuter eignen sich allerdings nur für eine der beiden Anwendungsformen, wie z.B. die Arnikapflanze, Sie darf nur äußerlich angewendet werden.

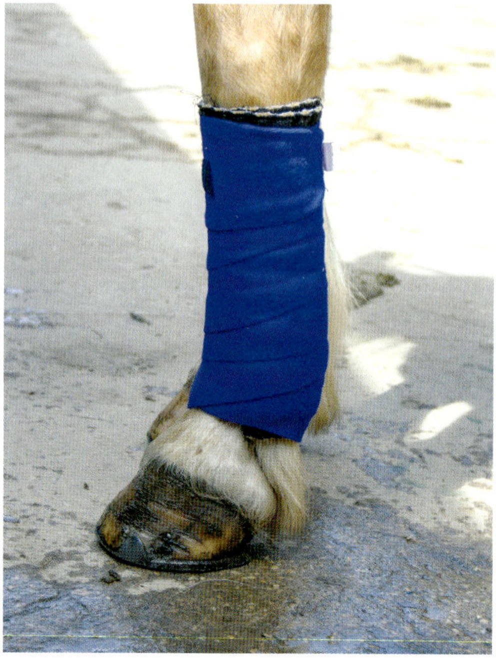

Angussverbände eignen sich besonders bei der Anwendung von Tinkturen.

Innerliche Anwendung

- → getrocknete Kräuter oder frische Kräuter als Einzelkraut oder in Mischungen
- → Frischsaft
- → ätherische Öle
- → Kräuteröle (Ölmazerate)
- → Fertigpräparate
- → klinische Homöopathie
- → Urtinkturen

Äußerliche Anwendung

- → Umschläge
- → Salben
- → Angussverbände
- → Fertigpräparate
- → Tinkturen
- → ätherische Öle
- → Frischsäfte
- → Kräuteröle (Ölmazerate)

Verschiedene Zubereitungs- und Darreichungsformen im Überblick

Kräuter (pur): getrocknet oder frisch

Infus (Aufguss): Die Kräuter werden mit heißem Wasser übergossen. Den Sud lässt man dann ziehen. Diese Zubereitungsform kommt am häufigsten vor.

Dekokt (Abkochung): Kräuter werden in Wasser angesetzt und das Ganze dann zum Kochen gebracht. Den Sud lässt man dann ziehen.

Mazeration (Kaltansatz): Die Kräuter werden in kaltem Wasser mehrere Stunden stehen gelassen.

Mazerationsdekokt: Das ist eine Kombination aus Mazeration und Dekokt. Die Kräuter werden erst in Wasser angesetzt und das Ganze dann später aufgekocht. Diese Zubereitungsform ist eher selten.

Mazerat (Kaltwasserauszug): Beschreibt alle Auszüge, die durch längeres Einlegen (Tage bis Wochen) der Kräuter in z.B. Alkohol, Wasser oder Öl gewonnen werden. Wird bei der Herstellung von Tinkturen verwendet.

Tinktur: Eine Tinktur ist eine alkoholische Extraktzubereitung. Sie entsteht durch ein Mazerat in Alkohol. Die Kräuter werden über ca. drei Wochen in Alkohol eingelegt und dann abfiltriert. Tinkturen sind die Grundlage von allen homöopathischen Mitteln.

Kräuteröle (Ölmazerate): Die Kräuter werden über ca. drei bis vier Wochen in einem kaltgepressten hochwertigen Öl angesetzt und dann abfiltriert.

Fertigpräparate: Sie enthalten alle möglichen Arten von Auszügen der Kräuter. Man findet hier Pulver, Salben, Cremes, Tabletten usw.

Frischsäfte: Sie werden aus frisch geernteten Pflanzen gewonnen. Die frischen Pflanzen werden mazeriert und dann ausgepresst.

Ätherische Öle: Die Gewinnung von ätherischen Ölen ist sehr unterschiedlich und wird deshalb in dem Kapitel »Heilöle« ausführlich beschrieben.

Zubereitungsformen

Die Zubereitungsformen richten sich hauptsächlich nach den Inhaltsstoffen und deren idealer Aufbereitung und ihrem Lösungsverhalten. So müssen z. B. Kräuter mit vielen Schleimstoffen als Mazeration zubereitet werden, um diese zu lösen. Außerdem würden sich die Schleimstoffe bei Hitze abbauen. Welche Zubereitungsform für welche Pflanze am besten geeignet ist, finden Sie unter dem Punkt »Zubereitung und Anwendung« des jeweiligen Heilpflanzenportraits.

Verabreichung

Getrocknete oder frische Kräuter

Pferd

Die getrockneten oder frischen Kräuter kann man entweder pur geben oder unter das gewohnte Futter mischen. Es empfiehlt sich, die getrockneten Kräuter etwas anzufeuchten, da diese oft sehr staubig sind und so eine Reizung der Schleimhäute und Atemwege vermieden wird.

Mensch

Die meisten Kräuter werden Sie in getrockneter Form als Tee zu sich nehmen, aber einige Gewürzpflanzen oder Wildkräuter können auch frisch verwendet werden. Hinweise dazu finden Sie bei den jeweiligen Pflanzenportraits.

Infus, Mazeration, Dekokt

Pferd

Bei den oben genannten Zubereitungsformen genügt es, die Kräuter mit so viel Wasser zu übergießen, dass sie bedeckt bzw. sehr gut durchfeuchtet sind. Eine Zubereitung mit sehr viel Wasser empfiehlt sich erfahrungsgemäß nicht sonderlich, da viele Pferde den Sud, der dadurch entsteht, nicht trinken und so wertvolle Bestandteile verloren gehen. Die Kräuter

sollen im Sud belassen und mitgefüttert werden. Seihen Sie daher bitte nicht ab. Am besten ist es, die Kräuter samt Sud mit dem gewohnten Futter zu vermischen. Eine lauwarme Fütterung ist besonders bei Hustenkräutern, Magen-Darm-kräutern und Kräutern mit ätherischen Ölen anzuraten, da so beim Fressen die ätherischen Öle der Pflanzen zusätzlich über die Atemwege aufgenommen werden.
Eine andere Möglichkeit ist, die warmen Kräuter und den Sud mit Mash zu mischen. In diesem Fall werden die Kräuter mit der bei der Mashzubereitung angegebenen Wassermenge übergossen, dann mit dem Mash vermischt und je nach Mashangabe ziehen gelassen

Mensch

Die bei den einzelnen Pflanzen angegebenen Kräutermengen sollten, falls nicht anders angegeben, pro Gabe mit etwa 150–200 ml Wasser zubereitet werden.

Dauer der Anwendung

Die Dauer der Anwendung richtet sich nach der Schwere der Erkrankung, nach der Form (akut oder chronisch) sowie nach den einzelnen Kräutern. Achtung: Manche Kräuter dürfen nur eine bestimmte Zeit gefüttert werden dürfen.

Als allgemeiner Maßstab ...

... bei akuten Erkrankungen

Die Kräuter werden je nach Schwere der Erkrankung ein bis acht Wochen eingegeben. Wenn die Erkrankung überstanden ist, sollten die Kräuter noch ca. drei bis fünf Tage weiter gegeben oder die vorhandene Kur aufgebraucht werden.

... bei chronischen Erkrankungen

Die Kräuter werden vier bis sechs Wochen eingegeben. Danach muss eine Pause von vier Wochen erfolgen. Es sollten nicht mehr als vier Kuren im Jahr gemacht werden.

Dosierungstabelle – Kräutermischungen für das Pferd

Tagesdosis bei einer Kräutermischung für

Kaltblut	=	70 g
Warmblut	=	60 g
Vollblut	=	50 g
Pony	=	30–40 g

Dosierungstabelle – Kräutermischungen für den Mensch

Erwachsener:
pro Gabe 1–2 g Kräuter
auf 150–200 ml Wasser

Kind:
pro Gabe 1 g Kräuter auf
150–200 ml Wasser

Dosierung

Die genauen Dosierungen finden Sie bei den einzelnen Pflanzenbeschreibungen, da sie stark variieren.

Kräutermischungen

Bei den meisten Erkrankungen werden Kräutermischungen empfohlen. Sie müssen allerdings immer individuell an die Krankheit und das Pferd angepasst werden. Das ist das Problem mit fertigen Kräutermischungen.
Außerdem sollte man beachten, dass sich nicht alle Pflanzen für Mischungen eignen, da einige nur wenige Tage oder nur ein bis zwei Wochen angewendet werden dürfen. Manche wirken auch als Einzelkraut besser als in einer Mischung.
Als Zubereitungsart sollte immer die Form verwendet werden, die auf die meisten Pflanzen zutrifft. Mischungen bestehen im Idealfall aus drei bis acht Einzelkräutern.

Kräutermischungen bestehen im Idealfall aus drei bis acht Einzelkräutern.

Mengenberechnung

Die Mengenberechnung ist etwas kompliziert, da im Mischverhältnis sowohl die Anzahl der Kräuter, die Größe des Pferdes wie auch die jeweilige Einzeldosis der Kräuter berücksichtigt werden muss. Man kann also nicht von jedem Kraut dieselbe Menge in die Mischung geben. Es bedarf etwas Übung und der Hilfe eines Taschenrechners, um die richtige Dosierung zu finden. Mit etwas Übung und Geduld klappt das aber.

Berechnungsbeispiele

Krampfartiger Reizhusten bei einem Warmblut

Gewünschte Dauer der Kur:
ca. 4 Wochen (28 Tage)
Gebrauchte Menge an Kräutern:
28 Tage à 60 g = 1680 g

Ausgewählte Kräuter:

Anis (25 g)	× 8	200 g
Eibisch (50 g)	× 8	400 g
Fenchel (25 g)	× 8	200 g
Königskerze (40 g)	× 8	320 g
Spitzwegerich (60 g)	× 8	480 g
Thymian (15 g)	× 8	120 g
insgesamt		**1.720 g**

In () steht die Tagesdosis. Alle Kräuter zusammen ergeben 1.720 g. Bei 60 g täglich reicht die Kur ca. 28 Tage. Wie oft man die einzelnen Kräuter »malnehmen« muss, hängt von der Einzeldosis sowie von der Anzahl der Kräuter und der zu erreichenden Gesamtmenge ab.

Mengenberechnung beim Mensch

Hier ist es etwas einfacher, da die meisten Kräuter in ähnlichen Dosierungen angegeben

Einige Kräuter wachsen bevorzugt an Straßenrändern. Aufgrund der hohen Schadstoffbelastung sollte unbedingt auf das Sammeln dieser Pflanzen verzichtet werden.

sind und so eine 1:1 Mischung meist möglich ist, sprich von jedem Kraut die gleiche Menge. Achten Sie trotzdem ein wenig darauf, ob die Einzeldosen in etwa gleich sind. Falls nicht, geben Sie entsprechend der Einzeldosen etwas weniger oder etwas mehr in die Mischungen.

Wo bekomme ich Heilkräuter?

Es gibt verschiedene Möglichkeiten, Heilkräuter zu beziehen.

1. Apotheke

Vorteile: Hier erhalten Sie eine sehr gute und vor allem geprüfte Qualität.

Nachteile: Oft bekommt man nicht die gewünschten Kräuter oder sie sind nicht in der gewünschten Menge vorrätig. Außerdem sind manche Kräuter sehr teuer.

2. Kräuterhäuser (z.B. über das Internet)

Vorteile: Die meisten Kräuterhäuser haben fast alle Kräuter vorrätig. Durch die Spezialisierung dieser Geschäfte können sie die Kräuter zu günstigeren Preisen als die Apotheken anbieten. Sie kaufen sie zudem in ganz anderen Mengen ein, daher spielt es in der Regel keine Rolle, in welchen Größenordnungen man sie bestellt.

Nachteile: Man muss die Qualität und Schadstoffbelastung erfragen, da sie häufig nicht angegeben wird. Die Qualität der Kräuter sollte immer Apothekenstandart haben.

3. Fertigpräparate (Tierarzt, Apotheke, Internet)

Vorteile: Bei Fertigpräparaten erhält man Informationen zur Qualität. Man bekommt Erfahrungsberichte und erhält einen Einblick, wie sie sich in der Praxis bewährt haben.

Zum Trocknen von Kräutern ist es wichtig, die Büschel locker zu binden und darauf zu achten, dass sie keiner Feuchtigkeit oder keinem Dampf (z. B. vom Herd in der Küche) ausgesetzt werden.

HINWEIS:
Änderung des Tierarzneimittelgesetzes, Stand Mai 2022

Es ist laut dem neuen Tierarzneimittelgesetz Pferdebesitzern wie auch Therapeuten nicht mehr erlaubt, einem Pferd nur für den Menschen zugelassene Arzneimittel, die apothekenpflichtig sind, zu verabreichen. Darunter fallen sämtliche homöopathische Mittel, Blutegel, aber auch pflanzliche Fertigpräparate. Der Tierarzt kann aber eine Umwidmung bestimmen. Die von mir empfohlenen äußerlichen Fertigpräparate für den Menschen können auch am Pferd angewendet werden, wenn Ihr Tierarzt Ihnen eine Umwidmung schreibt.

Nachteile: Sie sind nicht so individuell, da vorgegebene Kräutermischungen in den Präparaten enthalten sind.

4. Selber sammeln

Vorteile: Hier kann man wunderbar Kosten sparen. Man lernt die einzelnen Kräuter besser kennen und entdeckt im Idealfall den Spaß am Suchen, Sammeln und Trocknen von Kräutern.
Nachteile: Das Sammeln von Kräutern ist sehr zeit- und platzintensiv und die Gefahr der Verwechslung mit giftigen Pflanzen ist bei manchen Heilkräutern sehr hoch.

Sammeln von Heilkräutern

Möchte man Heilkräuter selber sammeln, sollte man gewisse Grundkenntnis in der Pflanzenkunde haben. So wird verhindert, dass falsche oder gar giftige Pflanzen im Sammelkorb landen.

Um die Pflanze erkennen zu können, ist ein guter Heilpflanzenführer mit verschiedenen Fotos der Pflanze und Angaben zur idealen Pflückzeit bzw. Blütezeit unverzichtbar. Eine andere Möglichkeit, Heilkräuter besser kennen zu lernen, ist der Besuch in einem Kräuter-, Apotheker- oder Klostergarten. Hier wird eine Vielzahl von Kräutern angebaut, die meist mit Namensschildern versehen sind. Wenn Sie die Kräuter mit einer Planzen-App bestimmen, sollten Sie sich immer noch einmal auf anderem Wege absichern. Die Apps liefern oft falsche Ergebnisse und das kann gerade bei Heilpflanzen, die giftige Doppelgänger haben, recht gefährlich werden. In manchen Gegenden finden auch so genannte Kräuterwanderungen statt, dort lernt man direkt in der Natur unter fachkundiger Anleitung einzelne Kräuter kennen.

Das gilt es zu beachten!

- → Nur Pflanzen sammeln, die man ganz sicher kennt!
- → Keine geschützten oder seltenen Pflanzen sammeln.
- → Mit Bedacht sammeln. Den Standort oft wechseln. Nicht die ganze Pflanze zerstören, lieber ein wenig von jeder abpflücken, als alles von einer.
- → Pflanzen nicht in der Nähe von Straßen, landwirtschaftlich genutzten Flächen (dort ist eine zu hohe Belastung durch Abgase und Düngemittel) und Naturschutzgebieten sammeln.
- → Zum Sammeln verwendet man einen Korb, eine Stofftasche oder Papiertüte. In Plastiktüten schwitzen die Kräuter zu stark.

Konservierungsmethoden

Verschiedene Formen

Trocknen in Büscheln: Wichtig dabei ist, dass man die Büschel locker bindet.

Trocknen durch Auslegen: Legen Sie z. B. ein altes Bettlacken auf eine Wäschespinne. Darauf verteilen Sie dann die Kräuter großzügig. Achten Sie darauf, dass nicht zu viele Kräuter übereinander liegen.

Tieffrieren: Der beste Ort zum Trocknen von Kräutern ist der Keller. Er muss allerdings absolut trocken sein. Der Keller empfiehlt sich, da z. B. Kräuter, die ätherische Öle enthalten, nicht zu warm liegen dürfen. Die ätherischen Öle verflüchtigen sich sonst.

Aufbewahrung

Kräuter bewahrt man am besten in luftdichten Dosen oder dunklen Gläsern auf. Wenn man sie nur kurz verstauen möchte, dann eignen sich dafür auch Papiertüten. Achtung: Die Kräuter müssen vollständig trocken sein, bevor sie abgepackt werden dürfen. Je nach Jahreszeit und Pflanzenbestandteil brauchen sie ca. ein bis vier Wochen zum Trocknen.

So testen Sie, ob die Kräuter komplett trocken sind: Zerbröseln Sie einfach etwas von der Pflanze zwischen Ihren Fingern. Wenn die Pflanzenteile nicht mehr zusammenkleben, sondern leicht zerbröseln, sind sie vollständig getrocknet.

Frische Küchenkräuter das ganze Jahr!

Einfach im Sommer die gewünschten Kräuter portionsweise einfrieren, so hat man auch im Winter immer frische Kräuter.

Heilöle

Es gibt drei verschiedene Formen von Heilölen: 1. Ätherische Öle, 2. Kräuteröle (Ölauszüge) und 3. Pressöle. Diese Öle werden unterschiedlich hergestellt und unterscheiden sich auch in ihrer Wirkung.

Ätherische Öle (Aromatherapie)

Die Aromatherapie ist genau wie die Kräuterheilkunde eine sehr alte und umfassende Therapieform. Die ätherischen Öle der Pflanzen werden hier als alleiniges Heilmittel verwendet. In diesem Buch finden Sie einige ätherische Öle, die die Kräuterheilkunde sinnvoll ergänzen. Die Indikationen beschränken sich allerdings auf die kräuterheilkundlichen Gesichtspunkte, deshalb auch auf eine äußerliche Anwendung.

Aus Sicht der Aromatherapie kommen noch einige Indikationen hinzu, vor allem spielen die psychischen Erkrankungen hier eine große Rolle. Um ätherische Öle innerlich anzuwenden, bedarf es großer Erfahrung und einer genauen Kenntnis der Öle.

Leider gibt es bisher wenig Literatur über die Aromatherapie bei Pferden. Man kann hier durchaus auf Bücher zur Aromatherapie für den Menschen zurückgreifen oder einen Aromatherapeuten zu Rate ziehen.

Herstellung

Ätherische Öle werden durch verschiedene Methoden aus ganzen Pflanzen, Blättern, Blüten, Wurzeln, Harzen, Rinden oder Schalen gewonnen. Durch das Brechen der Zellwände werden hierbei die ätherischen Öle freigesetzt.

Die wichtigsten Methoden im Überblick

Mazeration

Die Pflanze wird in heißes neutrales Öl getaucht, bis die Zellwände brechen und das ätherische Öl frei wird. Danach werden die beiden Öle voneinander getrennt. Diese Methode ist sehr aufwendig und schon etwas veraltet. Sie wird nur noch selten angewendet.

Pressen

Zitrusöle (Zitrone, Orange, Grapefruit, Mandarine, Bergamotte) werden durch Auspressen der Schale gewonnen.

Vor der Anwendung von ätherischen Ölen sollte man das Pferd am bereits verdünnten Öl riechen lassen. Bei einer starken Abwehrhaltung ist auf den Einsatz des Öls zu verzichten.

Destillation

Durch Kochen oder heißes Bedampfen der Pflanzen wird das Öl aus den Zellwänden gelöst. Diese Methode wird sehr häufig verwendet, allerdings eignet sie sich nur für Pflanzen mit einem hohen Anteil an ätherischen Ölen, z. B. Pfefferminze oder Eukalyptus.

Extraktion

Die Pflanzen werden in einem Lösungsmittel eingelegt. Ist dieses verdunstet, bleibt eine Masse aus Wachsen, Chlorophyll und ätherischen Ölen übrig. Diese Masse wird mit Alkohol erhitzt und dann durchgefiltert. Die Extraktion ist geeignet für Pflanzen mit geringem Anteil an ätherischen Ölen. Die durch diese Methode gewonnen Öle sind nicht zur inneren Einnahme geeignet!

Anwendung

Was muss ich beim Gebrauch von ätherischen Ölen beachten?

Ätherische Öle dürfen mit wenigen Ausnahmen weder äußerlich noch innerlich pur angewendet oder eingenommen werden.

Sie sollten unverdünnt nicht in Kontakt mit Schleimhäuten kommen. Auch wenn sie verdünnt wurden, ist hier Vorsicht geboten.

Ätherische Öle sollten nie in Verbindung mit einer homöopathischen Behandlung verwendet werden, da sie die Wirkung der homöopathischen Mittel aufheben oder stören.

Es gibt auch einige stark wirkende Öle, die für den Laien nicht geeignet sind. Hier ist z. B. das Rizinusöl anzuführen, da es stark abführt und bei unsachgemäßer Dosierung sehr schädlich wirken kann.

Kräuteröle – nicht nur wirksam, sondern auch dekorativ.

Des Weiteren gibt es Öle, bei denen heftige Nebenwirkungen beobachtet wurden. Das Teebaumöl ist hier anzuführen. Es kann nach neuesten Studien Allergien auslösen und in zu geringer Dosierung sogar das Wachstum von Bakterien fördern. All diese stark wirkenden Öle sollten nur in Absprache mit einem Therapeuten verwendet werden, um so eine schädigende Wirkung auf das Pferd auszuschließen.

Äußerlich

Zum Verdünnen ätherischer Öle verwendet man bei der äußerlichen Anwendung ein so genanntes Trägeröl. Hierfür eignen sich besonders hochwertige pflanzliche Öle wie z. B. das Sesamöl. Eine andere Möglichkeit ist, einige Tropfen Öl in ein Shampoo zu geben.

VORSICHT!

Sollten allergische Reaktionen oder andere Nebenwirkungen auftreten, ist die Behandlung sofort abzubrechen.

Innerlich

Bei der innerlichen Anwendung verwendet man zur Verdünnung Alkohol, Honig, Sahne oder ebenfalls pflanzliche Öle.

Die Dosierung hängt vom jeweiligen Öl ab. Die Behandlungsdauer sollte nicht länger als 12 Tage betragen.

Nebenwirkungen/Überdosierung

Ätherische Öle wirken sehr schnell. Sollte es zu Nebenwirkungen kommen, zeigen sich diese dadurch in der Regel rasch.

Bei einer Überdosierung oder bei ständiger Einnahme, auch von geringen Dosen (innerlich 10–20 ml), können gesundheitliche Schäden (Vergiftungen) auftreten. Nicht selten kommt es zu allergischen Reaktionen, deshalb sollte man bei der Erstanwendung mit kleinen Dosen und hoher Verdünnung anfangen.

Oft ist es aber gar nicht das Öl selbst, das die Allergie auslöst, sondern es sind die Zusatzstoffe, die gerade in billigen Ölen immer wieder vorkommen. Aber auch teure Öle, die billig angeboten werden, wie z. B. Rosenöl, werden oft mit minderwertigen Ölen gestreckt. Wenn Sie das Öl in der Apotheke kaufen, können Sie sicher sein, dass es sich nicht um minderwertige Ware handelt. Auch ausgewiesene Bio-Reinöle sind von guter Qualität.

Sollten allergische Reaktionen oder andere Nebenwirkungen auftreten, ist die Behandlung sofort abzubrechen.

Kräuteröle

Herstellung

Es wird ein Ölauszug der Pflanze hergestellt. Die Pflanze bzw. die Pflanzenteile werden für mehrere Wochen in einem hochwertigen kaltgepressten Öl angesetzt und dann gefiltert in einem dunklen Glas aufbewahrt. Kräuteröle wirken milder als ätherische Öle.

Anwendung

Während ätherische Öle eine ganz eigene Therapieform darstellen, sind Kräuteröle als Bestandteil der Kräuterheilkunde anzusehen.

Sie enthalten je nach Pflanze auch ätherische Öle, nämlich dann, wenn die Pflanze aus der das Öl gewonnen wird, welche enthält. Diese sind aber in diesem Fall nur ein Bestandteil des Öls und deshalb auch ganz anders zu betrachten.

Kräuteröle können je nach Bedarf pur oder leicht verdünnt angewendet werden. Sie lassen sich auch sehr schön selbst herstellen, siehe »Rezepte aus der Kräuterküche«.

Vorsicht vor Verwechslung ist bei Ölen geboten, die es sowohl als ätherisches Öl wie auch als Kräuteröl gibt (z. B. Knoblauch-, Fenchel-, Anisöl). Informationen dazu erhält man in der Apotheke oder viel besser noch, man stellt seine Kräuteröle selbst her.

Pressöle

Herstellung

Pressöle sind fette Öle, die genau wie pflanzliche Speiseöle (Oliven-, Sonnenblumen-, Distelöl etc.) durch Pressen bestimmter Pflanzenteile hergestellt werden. Wie zum Beispiel das Schwarzkümmel-Öl. Hier wird das Öl durch Pressen der Samen gewonnen.

Schwarzkümmel

Schwarzkümmel

Sie sind genau wie Kräuteröle ein Bestandteil der Kräuterheilkunde. Ihre Inhaltsstoffe sind vielfältig und meist sehr gut verträglich.

Anwendung

Ähnlich wie die Kräuterauszugsöle sind sie in der Anwendung recht unproblematisch. Innerlich wie äußerlich werden sie meist pur genutzt. Es gibt einige Fertigpräparate, die Pressöle enthalten. Hier ist darauf zu achten, dass die Produkte keine Farb-, Konservierungs- oder Duftstoffe enthalten, da diese wiederum reizen können.

Heilkräuter lassen sich wunderbar bei einer Vielzahl von Erkrankungen einsetzen. Das folgende Kapitel dient dazu, möglichst schnell die richtigen Pflanzen für die jeweilige Erkrankung zu finden. Da die meisten Kräuter nicht nur auf ein Organsystem wirken, bzw. nicht nur bei einer Erkrankung helfen, werden die meisten Pflanzen mehrfach erwähnt.

Aber auch hier der Hinweis: Die Behandlung mit Kräutern ersetzt keinen Besuch beim Tierarzt. Dieser sollte jeder Behandlung mir Heilkräutern vorausgehen!
Vor allem bei akuten Erkrankungen, wie Hufrehe oder Kolik, sowie Verletzungen aller Art, ist die Behandlung durch einen Tierarzt ein absolutes Muss! Eine Behandlung mit Kräutern sollte in solchen Fällen auch nur in Absprache mit dem Tierarzt erfolgen.

Krankheits- und Symptomverzeichnis

Allergien

Leider werden auch bei Pferden Allergien immer häufiger, und außer einer Desensibilisierung und Kortison stehen wenig Behandlungsmethoden in der Schulmedizin zur Verfügung. In der Kräuterheilkunde gibt es zwar nicht viele, aber dennoch einige wenige Pflanzen, die Allergien positiv beeinflussen. Allergien beim Pferd wirken sich besonders auf die Atemwege und die Haut aus. Der Leidensdruck ist bei vielen Pferden dabei sehr hoch. Besonders bei schweren allergischen Atemwegserkrankungen ist die enge Zusammenarbeit zwischen Naturheilkunde und Schulmedizin wichtig!

Allergien der Atemwege

Schwarzkümmelöl wurde erst in der zweiten Hälfte des 20. Jahrhunderts bei uns durch einen Arzt bekannt, der damit das asthmakranke Pferd seiner Tochter heilte. Außerdem kann **Kapuzinerkresse** bei Allergien der Atemwege angewendet werden.

Allergien der Haut

Hier steht vor allem die Behandlung des Sommerekzems im Vordergrund, diese wird im Kapitel Haut näher beschrieben.

Allgemeine Hilfe bei Allergien

Vitamin C hemmt die Histaminausschüttung, die bei Allergien eine zentrale Rolle spielt, **Hagebutten** enthalten viel Vitamin C und eignen sich sehr gut zur unterstützenden Behandlung bei Allergien.

Außerdem sind Pflanzen, die den gesamten Stoffwechsel umstimmen, eine Möglichkeit, Allergien zu lindern. Folgende Kräuter eignen sich: **Birke, Brennnessel, Löwenzahn, Stiefmütterchen.**

Atemwegserkrankungen

Durch Heilpflanzen lassen sich die meisten Atemwegserkrankungen günstig beeinflussen. Die in ihnen enthaltene Wirkstoffe, wie z.B. ätherische Öle und Schleimstoffe, wirken gegen Pilze, Viren und Bakterien schmerzlindernd, reizmildernd, entzündungshemmend, schleim- und krampflösend. Neben der Behandlung des Hustens, sollte zusätzlich das Immunsystem gestärkt werden.

Trockener Husten und Reizhusten

Hier kommen Kräuter mit einem sehr hohen Anteil an Schleimstoffen zum Einsatz, wie etwa **Anis, Eibisch** und **Malve.** Aber auch **Königskerze** und **Spitzwegerich** haben sich bewährt.

Entzündungen der oberen Luftwege (Bronchitis)

Eine akute Entzündung der oberen Atemwege kann mit einer Vielzahl von Pflanzen behandelt werden. Die Kräuter sollten je nach Ausprägung der Symptome (schleimlösend, reizmildernd etc.) gewählt werden.
Folgende Kräuter eignen sich: **Andorn, Anis, Bibernelle, Eibisch, Fenchel, Kapuzinerkresse, Königskerze, Malve, Pfefferminze, Salbei,**

Spitzwegerich und **Thymian** innerlich. **Anisöl, Eukalyptusöl** und **Pfefferminzöl** zur äußerlichen Anwendung.

Krampfhusten

Bei krampfartigem Husten gilt es zum einen, die Krämpfe zu lindern, zum anderen soll das Kraut beruhigend wirken. **Anis, Fenchel, Königskerze** und **Thymian** helfen hier zuverlässig. Äußerlich kann **Pfefferminzöl** unterstützen.

Husten mit festsitzendem Schleim

Schleimlösende Kräuter sind **Andorn, Bibernelle, Fenchel, Königskerze, Eukalyptusöl** und **Thymian**. Sie lösen den Schleim und erleichtern so das Abhusten.

Chronischer Husten

Beim chronischen Husten, also einem Husten, der länger als sechs Wochen besteht, ist es sehr wichtig, die Ursache zu kennen. Steckt womöglich eine Allergie dahinter? Kräuter wie **Andorn, Bibernelle, Kapuzinerkresse, Königskerze** und **Thymian** helfen, je nach Ursache, den chronischen Husten zu behandeln. Auch hier gilt, zusätzlich das Immunsystem zu stärken, z.B. mit **Meerrettich** und **Sonnenhutwurzel.**

Allergischer Husten

Ist der Husten allergisch bedingt, können **Knoblauch, Schwarzkümmelöl** und **Kapuzinerkresse** helfen.

Augenerkrankungen

Egal ob Bindehautentzündung, Augenentzündung, Gerstenkorn, Juckreiz am Auge, Tränenfluss, Augenreizung oder Augengeschwür – hier hilft der **Augentrost. Augentrost** darf allerdings nur als Fertigpräparat angewendet werden, da der Tee kleine Pflanzenteile enthält, die das Auge schädigen können. **Kamille** hingegen hat im und am Auge überhaupt nichts verloren, sie

Salbei hilft beispielsweise gegen Entzündungen der oberen Atemwege.

ist eine Pflanze, die häufig Allergien auslöst, und im schlimmsten Fall kann eine solche allergische Reaktion zu einer Netzhautablösung führen.

Bewegungsapparat

Bei Pferden gehören Erkrankungen des Bewegungsapparates zu den häufigsten. Das Pferd als Lauftier leidet natürlich dabei besonders, da es in seiner Natur eingeschränkt wird. Es gibt eine Vielzahl an Kräutern, die helfen können, die unterschiedlichsten Krankheiten zu lindern und zu behandeln.

Arthritis/Arthrose

Arthrose, wie zum Beispiel Spat oder Schale, oder die akute Arthrose-Form, die Arthritis, lassen sich mit einer Vielzahl von Kräutern behandeln. Innerlich eignen sich **Brennnessel, Birke, Goldrute, Hagebutte, Ingwer, Knoblauch,**

Leinsamen, Löwenzahn, Teufelskralle, Wegwarte und **Quecke.** Äußerlich: **Arnika, Beinwell, Cayennepfefferfrüchte, Eukalyptusöl, Heublumen** und **Pfefferminzöl.**

Gallen

Viele Gallen machen nie Probleme und sind einfach nur ein Schönheitsfehler, aber es gibt auch welche, bei denen eine Erkrankung dahintersteckt. Äußerlich lassen sich Gallen mit **Beinwell** und **Meerrettich** behandeln.

Gelenkschmerzen

Schmerzen im Bewegungsapparat führen zu Lahmheiten und schränken das Pferd in seinen natürlichen Bewegungen ein. Genau wie bei allen anderen Erkrankungen ist es wichtig, die Ursache der Schmerzen zu finden, um sie dann möglichst erfolgreich zu behandeln. Zur äußerlichen Schmerzlinderung eigenen sich **Cayennepfefferfrüchte, Heublumen, Johanniskraut-** und **Rosmarinöl.** Innerlich unterstützen **Brennnessel, Hagebutte, Ingwer** und **Teufelskralle.**

Hufe

Es gibt eine große Anzahl an Huferkrankungen. Die wichtigste ist die Rehe; sie wird deswegen separat erwähnt. Bei Hornsäulen kann **Ingwer** eingesetzt werden, um das Hufwachstum anzuregen. Innerlich können **Bockshornklee** und **Leinsamen** verwendet werden, äußerlich **Eukalyptus** und **Lorbeeröl.** Bei Strahlfäule helfen Tinkturen aus **Ringelblume, Salbei** und **Thymian.** Bei einer Hufrollenentzündung ist es wichtig, die Durchblutung mit etwa **Ginkgo, Weißdorn** und **Schafgarbe** zu fördern und die Schmerzen mit **Hagebutte, Ingwer** und **Teufelskralle** zu lindern. Bei Hufgeschwüren kann eine feuchtwarme Packung aus **Leinsamen** helfen.

Hufrehe

Bei der Hufrehe gibt es unterschiedliche Formen, wie etwa die stoffwechselbedingte Rehe. Sie lässt sich behandeln mit **Brennnessel, Birke, Ginkgo, Ingwer, Klebkraut, Knoblauch, Mariendistel, Schafgarbe** und **Weißdorn.** Bei einer Belastungsrehe helfen **Ginkgo, Ingwer, Knoblauch, Schafgarbe** und **Weißdorn.**

Knochenhautentzündung und -brüche

Knochenhautentzündungen können sehr schmerzhaft sein, äußerlich lassen sie sich mit **Beinwellsalben** behandeln. Innerlich werden **Ingwer, Hagebutte** und **Teufelskralle** angewendet. Bei Knochenbrüchen kann **Beinwell** äußerlich die Heilung fördern und beschleunigen, innerlich als Homöopathika angewendet, hilft er auch.

Muskelbeschwerden

Bei Muskelverspannungen, Hartspann, Schmerzen und Verkrampfungen helfen äußerlich angewendet **Arnika, Baldrian, Bockshornklee, Cayennepfefferfrüchte, Eukalyptusöl, Gänseblümchen, Heublumen, Johanniskrautöl, Lorbeeröl, Meerrettich, Pfefferminzöl, Rosmarinöl** und **Zaubernuss.** Innerlich können **Ingwer** und **Teufelskralle** gegeben werden. Bei Kreuzverschlag helfen **Heublumen-** und **Leinsamenpackungen,** die Schmerzen zu lindern.

Nervenschmerzen/Neuralgien

Besonders gut helfen hierbei die **Cayennepfefferfrüchte,** aber da sie oft Reizungen auslösen können, dienen auch **Meerrettich, Johanniskraut-** und **Pfefferminzöl** als Alternative.

Sehnen-, Sehnenscheidenentzündungen, Schleimbeutelentzündung

Beinwell und **Arnika,** äußerlich angewendet, unterstützen die Heilung von fast allen Sehnenerkrankungen und Schleimbeutelentzündungen.

Überbeine

Äußerlich **Beinwell,** innerlich **Ingwer,** sind eine gute Kombination, um Überbeine zu behandeln.

Verletzungen

Bei Blutergüssen, Ödemen, Prellungen und Verstauchungen helfen äußerlich **Arnika, Beinwell, Heublumen, Spitzwegerich, Klebkraut** und **Quecke.** Bei Quetschungen **Arnika, Beinwell, Gänseblümchen, Melisse, Ringelblume, Spitzwegerich** und **Zaubernuss.** Wichtig ist es, die Kräuter nicht bei tiefen, offenen Verletzungen anzuwenden.

Blutarmut

Brennnesseln enthalten sehr viele Mineralstoffe und helfen bei Anämien Mängel auszugleichen. Die Ursachen einer Anämie sollten auf jeden Fall herausgefunden werden.

Hauterkrankungen

Hauterkrankungen kommen beim Pferd leider immer häufiger vor. Zum Beispiel sind es schon lange nicht mehr nur Isländer, die am Sommerekzem erkranken, mittlerweile betrifft diese Erkrankung alle Rassen. Aber nicht nur bei Erkrankungen der Haut können Heilkräuter helfen, auch um den Fellwechsel zu unterstützen oder bei Narben, haben sie sich bewährt. Bei Hauterkrankungen aller Art ist ein Blutbild wichtig, z.B. kann Zinkmangel zu massiven Hautproblemen führen.

Hauterkrankungen allgemein

Folgende Pflanzen wirken sich bei innerlicher Gabe insgesamt positiv auf die Haut aus: **Birke, Brennnessel, Frauenmantel, Gänseblümchen, Goldrute, Kamille, Klebkraut, Knoblauch, Quecke, Salbei, Schwarzkümmelöl, Stiefmütterchen** und **Wegwarte.**

Ekzem/Dermatitis

Die Behandlung von Ekzemen ist oft schwierig, manchmal braucht es einfach etwas Geduld und es müssen mehrere Varianten ausprobiert werden, bis man die richtigen Kräuter gefunden hat.

Innerlich (auch zur Prophylaxe)
Beim Sommerekzem sollte etwa 3–4 Wochen vor der Saison mit einer Kräuterkur begonnen werden. Folgende Kräuter eignen sich für eine Mischung: **Brennnessel, Birke, Gänseblümchen, Kamille, Klebkraut, Knoblauch, Leinsamen, Löwenzahn, Quecke, Salbei** und **Stiefmütterchen.**

Äußerlich
Die äußerliche Anwendung richtet sich nach der Art der Symptome, egal ob trockene, nässende, entzündete oder juckende Haut, es gibt einige helfende Kräuter.
Bei trockener Haut und Schuppen pflegen **Avocadoöl, Ballonrebe, Johanniskrautöl, Klettenwurzelöl, Nachtkerzenöl** und **Sanddornöl.** Bei nässender Haut trocknen **Blutwurz, Kamille** und **Zaubernuss.** Ist die Haut entzündet, helfen **Ballonrebe, Bockshornklee, Eibisch, Johanniskrautöl, Kamille, Leinsamen, Stiefmütterchen, Salbei, Sanddornöl, Schwarzkümmelöl** und **Zaubernuss.** Bei Juckreiz lindern **Ballonrebe, Brennnessel, Klettenwurzel, Pfefferminze, Nachtkerzenöl, Salbei, Spitzwegerich** und **Zaubernuss.** Beim Schweißekzem hat sich die Anwendung von **Stiefmütterchen** als nützlich erwiesen. Gegen das allergische Ekzem wirken **Ballonrebe, Schafgarbe** und **Schwarzkümmel.**

Fellwechsel unterstützend

Der Fellwechsel ist für Pferde anstrengend. Je älter sie werden, umso häufiger haben sie Probleme damit. Eine unterstützende Kräuterkur hilft ihnen durch den Fellwechsel. Folgende Kräuter können Bestandteile einer Mischung sein: **Bockshornklee, Brennnessel, Klebkraut, Leinsamen, Löwenzahn, Quecke** und **Stiefmütterchen.**

Entzündungen im Zahn-, Mund- und Rachenbereich

Entzündungen lassen sich gut mit Spülungen behandeln. Am besten eignet sich ein kräftiger Kräutersud, den man entweder auf ein Tuch gibt

Birkenblätter sind Bestandteil vieler Kräutermischungen.

und die betroffenen Stellen abwäscht oder in einen Spritzenkolben füllt. Für den Sud eignen sich **Eibisch, Kamille, Leinsamen, Malve, Nelkenöl, Ringelblume, Spitzwegerich** und **Salbei**.

Erfrierungen

Sanddornöl hilft nicht nur bei Sonnenbrand und Verbrennungen, sondern auch bei Erfrierungen. Es wirkt pflegend, hautberuhigend und beugt Entzündungen vor.

Geschwüre

Bei Geschwüren jeglicher Art lassen sich Präparate/Zubereitungen aus **Beinwell, Bockshornklee, Frauenmantel, Klebkraut, Knoblauch, Melisse, Ringelblume, Sanddornöl** und **Zaubernuss** anwenden.

Haarausfall

Bei Haarausfall hilft innerlich **Bockshornklee, Brennnessel, Leinsamen** und **Löwenzahn**, äußerlich kann **Klettenwurzelöl** helfen.

Hautpilz

Zur Behandlung von Hautpilz eignen sich mehrere Pflanzen. Am besten wirken Kombinationen mehrerer Kräuter und im Idealfall als Kräuteressig (Rezept siehe Seite 156).
Kapuzinerkresse, Knoblauch, Meerrettich, Pfefferminze, Ringelblume, Salbei, Sonnenhut, Teebaumöl, Thymianöl und **Walnuss** eignen sich zur Anwendung gegen Pilz.

Narben

Narben brauchen viel Pflege und sollten nach völliger Abheilung täglich vorsichtig massiert und gedehnt werden. Zum Massieren und Dehnen eignen sich sanfte Öle aus **Lavendel** und **Sanddorn.**

Nesselsucht

Bei der Nesselsucht (Urtikaria) handelt es sich um eine Überempfindlichkeitsreaktion der Haut. Symptome sind Hautrötungen, Quaddeln und starker Juckreiz. Die Ursachen und Auslöser der Nesselsucht sind vielfältig, Medikamente, Nahrungsmittel, aber auch Wärme, Kälte und Druck können ursächlich sein. Bei der Behandlung von Nesselsucht steht die Suche nach der Ursache an erster Stelle. Bis diese gefunden ist, konzentriert sich die Therapie auf die Linderung der Symptome, hier helfen die äußerliche Anwendung von **Ballonrebe, Blutwurz** und **Sanddornöl.**

Mauke

Durch kleine Verletzungen der Haut dringen Bakterien und Co. in die Haut ein, was zu einer Maukeerkrankung führt. Umschläge und Waschungen mit **Bockshornklee, Brennnessel,**

Blutwurz

Klettenwurzelöl und **Salbei** lindern, helfen und heilen. **Bockshornklee** und **Brennnessel** unterstützen auch innerlich.

Satteldruck

Bei Satteldruck ist es am wichtigsten, die Ursache zu finden und diese abzustellen! Unterstützend zur äußerlichen Behandlung können **Arnika, Gänseblümchen, Nachtkerzenöl** und **Zaubernuss** angewendet werden.

Schweifscheuern

> siehe Juckreiz

Talgdrüsenentzündung

Stiefmütterchentinktur täglich auf die betroffenen Stellen aufgetragen, hilft bei Talgdrüsenentzündungen. Aber auch hier gilt es, die Ursache zu finden.

Verbrennungen/Sonnenbrand

Bei Verbrennungen und Sonnenbrand sind erst einmal Kühlen und ein Aufenthalt im Schatten angesagt. Kühlende Umschläge mit einem Infus aus **Blutwurz, Ringelblume** und **Stiefmütterchen** wirken lindernd. Auch ein kalter Umschlag mit Leinsamenbrei lindert Schmerzen und Reizung. Später können **Johanniskrautöl, Lavendelöl** und **Sanddornöl** aufgetragen werden. Das Pferd sollte nicht der Sonne ausgesetzt werden, bevor die Verbrennungen nicht komplett abgeheilt sind.

Warzen

Gegen Warzen kann der Saft von frischem **Löwenzahn** und **Ringelblumentinktur** helfen.

Wunden

Schlecht heilende Wunden werden mit **Arnika, Blutwurz, Gänseblümchen, Kapuzinerkresse, Ringelblume, Schafgarbe, Sonnenhut, Spitzwegerich, Thymian** und **Zaubernuss** behandelt.
Entzündete Wunden bitte nur begleitend mit **Eibisch, Kamille, Knoblauch, Ringelblume, Salbei, Sanddornöl** und **Zaubernuss** behandeln. Dasselbe gilt für infizierte Wunden, auch hier nur begleitend behandeln mit **Kamille, Knoblauch, Ringelblume** und **Salbei.** Bei eitrigen Wunden wendet man **Beinwell, Bockshornklee, Frauenmantel, Knoblauch** und **Ringelblume** an.
Blutstillend wirken **Blutwurz, Klebkraut, Ringelblume** und **Schafgarbe.** Zur Wundspülung eignen sich **Knoblauch** und **Salbei.**

Herz-Kreislaufsystem

Erkrankungen im Herz-Kreislaufbereich sind beim Pferd zum Glück nicht so häufig, aber gerade im Alter und bei warmem Wetter haben Pferde durchaus auch mal Kreislaufprobleme. Hier kann die Kräuterheilkunde helfen. Mit dem **Weißdorn** steht eine Pflanze zu Verfügung, die auch dauerhaft gegeben werden kann. Durchblutungsstörungen spielen bei Erkrankungen wie z.B. Hufrollenentzündung und Hufrehe eine große Rolle, auch hier helfen Kräuter zu unterstützen.

Durchblutungsstörungen

Die Heilkräuter **Ginkgo, Schafgarbe** und **Weißdorn** fördern die Durchblutung. Sie können bei allen Erkrankungen eingesetzt werden, bei denen dieser Effekt gewünscht ist.

Herzinsuffizienz, Herzstärkung/Altersherz, Kreislaufstärkung, Kreislaufstörungen, Rhythmusstörungen

Weißdorn wirkt sanft und ohne nennenswerte Nebenwirkungen bei einer Vielzahl von Erkrankungen des Herzens und des Kreislaufsystems. Er stärkt, reguliert und fördert die Durchblutung.

Hormonsystem

Probleme während der Rosse oder vor, nach und bei der Geburt können durch einige Kräuter gelindert werden. Kräuter können auch beim Equinen Cushing Syndrom eingesetzt werden. Sie wirken unterstützend und regulierend auf den Pferde-Organismus.

Mariendistel

Abstillen

Durch die Gabe von **Salbei-** und **Pfefferminzblättern** verändert sich der Geschmack der Milch, und die meisten Fohlen mögen dies überhaupt nicht. Außerdem beeinflussen beide Pflanzen die Milchbildung.

Anregung der Wehen, Erleichterung des Nachgeburtabgangs, Geburtserleichterung

Himbeerblätter wirken laut Volksmedizin wehenanregend und erleichtern den Abgang der Nachgeburt. Zur Geburtserleichterung im Allgemeinen kann zusätzlich **Frauenmantel** gegeben werden.

Bessere Heilung der Geburtswege

Frauenmantel wird seit Hunderten von Jahren in der Frauenheilkunde eingesetzt, laut Erfahrungsheilkunde hilft er bei der Heilung der Geburtswege.

Cushing Syndrom, Hormon regulierend

Der **Mönchspfeffer** hat seinen Namen nicht zufällig. Er wurde von Mönchen eingenommen, um ihnen zu helfen, das Zölibat durchzuhalten. **Mönchspfeffer** ist noch nicht komplett erforscht. Bekannt ist, dass er hormonregulierend wirkt und bei der Behandlung des Equinen Cushing Syndroms Wirkung zeigt.

Milchproduktion

Bockshornklee und **Brennnessel** fördern die Milchbildung und unterstützen den Gesamtorganismus einer Stute mit Fohlen.

Rosse fördernd

Bei Störungen der Rosse können **Anis, Hopfen, Ingwer** und **Mönchspfeffer** helfen.

Immunsystem

Zur Stärkung des Immunsystems bei akuten Infekten oder zur Prophylaxe lassen sich folgende Kräuter füttern: **Birke, Hagebutte, Löwenzahn, Sonnenhut, Knoblauch, Meerrettich, Salbei, Schwarzkümmelöl** und **Kapuzinerkresse.**

Leber

Die Leber ist ein wichtiges Entgiftungsorgan. Ist ihre Funktion gestört, kommt es zu einer Vielzahl von Problemen. Leberprobleme können sich unter anderem durch Müdigkeit, Schlappheit, Hautprobleme und schlechte Laune äußern. Zur Diagnose von Lebererkrankungen eignet sich ein Blutbild.

Bei erhöhten Leberwerten eignen sich Heilpflanzen hervorragend als Therapie.

Gestörte Fettverdauung

Bei einer Störung der Fettverdauung helfen **Artischocke** und **Pfefferminze.**

Leberfunktionsstörungen/ Leber stimulierend/ Leberstoffwechsel verbessern

Um die Leber zu stärken und in ihrer Funktion zu unterstützen gibt es einige wertvolle Kräuter. **Artischocke, Löwenzahn, Mariendistel, Meerrettich** und **Wegwarte** wirken positiv auf die Leber.

Leberintoxikation, Vergiftungen

Bei Vergiftungen, z.B. durch Giftpflanzen, ist es wichtig, die Leber zu stärken. Dies gelingt am besten mit **Mariendistel, Löwenzahn** und **Artischocke.**

Mangelnde Sekretion der Verdauungsdrüsen

Schafgarbe, Löwenzahn und **Artischocke** regen die Verdauungsdrüsen an und unterstützen so die Entgiftung, den Stoffwechsel und die Verdauung.

Lymphsystem

Das Lymphsystem wurde von der Schulmedizin lange Zeit vernachlässigt, obwohl es eine große Rolle zur Gesunderhaltung des Körpers beiträgt. Das Lymphsystem ist ein wichtiger Teil des Immunsystems, und eine Schwellung von Lymphknoten deutet immer auf einer Erkrankung hin, die tierärztlich abgeklärt werden sollte.

Lymphknotenschwellung

Bei einer Lymphknotenschwellung helfen äußerlich **Beinwellumschläge** oder **Beinwellsalbe,** innerlich kann **Klebkraut/Labkraut** gegeben werden.

Lymphstau

Bei Lymphstau hilft **Klebkraut/Labkraut,** es regt den Lymphfluss an und beseitigt so den Lymphstau.

Magen-Darm-Trakt

Der Magen-Darm-Trakt von Pferden ist leider sehr anfällig für eine Vielzahl von Erkrankungen, wie etwa Koliken, Verdauungsstörungen oder auch Magenreizungen bis hin zum Geschwür. Akute Erkrankungen, die meist mit sehr starken Schmerzen einhergehen, gehören immer zuerst in die Hände eines Tierarztes.

Appetitlosigkeit

Wenn Pferde nicht fressen, kann es schnell gefährlich werden. Natürlich sollte zuerst die Ursache tierärztlich abgeklärt werden, da Appetitlosigkeit viele Gründe haben kann. Prinzipiell sind fast alle Pflanzen, die Bitterstoffe enthalten, appetitanregend, hierzu zählen **Andorn, Artischocke, Bockshornklee, Hopfen, Ingwer, Knoblauch, Löwenzahn, Pfefferminze, Schafgarbe, Spitzwegerich** und **Wegwarte.** Der Bitterstoffgehalt dieser Pflanzen variiert allerdings stark, und nicht jedes Pferd mag den bitteren Geschmack. Je nach Ursache der Appetitlosigkeit können spezielle Kräuter gewählt werden. Kommt die Appetitlosigkeit etwa durch erhöhte Leberwerte, eignen sich Kräuter, die sich zusätzlich positiv auf die Leber auswirken, wie etwa **Artischocke, Löwenzahn** und **Wegwarte.**

Durchfall

Durchfall kann viele Ursachen haben und ist oft ein Warnzeichen für eine beginnende Erkrankung. Sanfte Kräuter, um Durchfall zu behandeln, sind **Andorn, Blutwurz, Brombeere, Eibisch, Flohsamenschalen, Frauenmantel, Gänsefingerkraut, Ingwer** und **Salbei.** Aber auch hier gilt: Unbedingt die Ursache suchen!

Gasansammlungen im Bauchraum/ Blähungen

Entblähende Kräuter sind **Anis, Anisöl, Artischocke, Fenchel, Koriander, Kümmel, Löwenzahn, Melisse, Pfefferminze** und **Schafgarbe.** Die Kombination aus **Kümmel, Fenchel** und **Anis** hat sich besonders bewährt und ist auch im Fertigpräparat ColoSan® enthalten.

Schafgarbe

Gastritis

Wenn das Pferd schlecht frisst, lethargisch ist, empfindlich in der Gurtlage reagiert, Gewicht verliert, schwache Koliken und eventuell leichten Durchfall hat, können dies Symptome einer Magenschleimhautentzündung sein. Hier helfen **Kamille, Leinsamen, Eibisch, Malve** und **Salbei.**

Koliken

Koliken gehören immer zuerst in die Hand des Tierarztes! Eine Kolik kann schnell lebensbedrohlich werden und muss behandelt werden. Als Prophylaxe und begleitend zur tierärztlichen Behandlung können **Anis, Eibisch, Fenchel, Flohsamenschalen, Kamille, Kümmel, Melisse** und **Pfefferminze** angewendet werden. Bei nervös bedingten Koliken sind **Baldrian, Hopfen, Kamille, Kümmel** und **Melisse** eine gute Behandlungsmethode, auch prophylaktisch.

Kotwasser

Kotwasser ist leider kein einfach zu behandelndes Problem. In der Heilkräuterkunde eigenen sich zur täglichen Gabe **Flohsamenschalen, Ingwer** und alle Pflanzen, die auch bei Durchfall gegeben werden können.

Magen-Darm- und -Schleimhaut-Entzündungen

Alle Arten von Schleimhautreizungen können mit **Blutwurz, Eibisch, Kamille, Leinsamen, Malve** und **Salbei** behandelt werden.

Magen-Darm-Regulierung nach Infekt oder Antibiotikagabe

Antibiotika schwächen und schädigen die Darmschleimhaut. Um dies zur regulieren, eignet sich eine Kur mit **Flohsamenschalen, Knoblauch** und/oder **Leinsamen.**

Magen- und Dünndarmgeschwüre

Magengeschwüre sind bei Pferden leider recht häufig. Die Symptome ähneln denen einer Gastritis. Folgende Heilkräuter können helfen: **Kamille, Leinsamen, Eibisch, Malve** und **Salbei.**

Verdauungsbeschwerden allgemein

Verdauungsprobleme unterschiedlichster Art lassen sich mit **Fenchel, Hopfen** und **Knoblauch** günstig beeinflussen. Alle Pflanzen regen die Verdauung an und unterstützen diese.

Verstopfung

Leinsamen und **Flohsamenschalen** wirken mild abführend und helfen sanft bei Verstopfungen.

Metabolisches Syndrom

Leider ist das metabolische Syndrom mittlerweile weit verbreitet und betrifft schon lange nicht mehr nur von Natur aus kräftigere Pferderassen. Unterstützend gegen das metabolische Syndrom können **Artischocke, Bockshornklee, Flohsamenschalen** und **Wegwarte** angewendet werden. Außerdem alle Kräuter, die den Stoffwechsel positiv beeinflussen, wie z.B. **Brennnessel, Birke, Kleb-/Labkraut, Mariendistel** und **Quecke.**

Nervensystem

Pferde sind Fluchttiere und somit von Natur aus eher schreckhaft und vorsichtig. Leider kann dieses natürliche Verhalten auch krankhafte Ausmaße annehmen. Leidet ein Pferd unter seinem Verhalten oder entstehen Situationen, in denen das Pferd großem Stress ausgesetzt ist, können Kräuter ihm sanft helfen, »die Nerven zu bewahren«.

Nervosität/Unruhe/nervös bedingte Magen- und Darmbeschwerden

Insgesamt oder in akuten Stresssituationen helfen folgende Kräuter beim Ruhebewahren: **Baldrian, Hopfen, Kamille** und **Melisse.** Äußerlich hilft **Lavendelöl.**

Niere, Blase, Harnwege

Schmerzen im Rücken, Probleme und Störungen beim Wasserlassen, veränderte Blut- und Urinwerte können Anzeichen auf eine Erkrankung im Nieren-, Blasen- und Harnwegbereich sein.

Blasen- und Harnwegentzündungen

Bei akuten Entzündungen der Blase und/oder Harnwege helfen Kräuter, die antibiotisch, entzündungshemmend und/oder durchspülend wirken. Hierzu gehören **Birke, Brennnessel, Goldrute, Kapuzinerkresse, Klebkraut, Quecke** und **Sonnenhut.**

Durchspülungstherapie

Um die Harnmenge zu erhöhen und die Durchspülung von Niere und Harnwege zu erreichen, eignen sich **Birke, Brennnessel, Goldrute** und **Quecke.**

Nierenentzündung

Nierenentzündungen beim Pferd sind zwar eher selten, kommen aber dennoch vor und können auch chronisch werden. Hier helfen unterstützend **Goldrute, Kapuzinerkresse, Klebkraut** und **Quecke.**

Harngrieß, Nierengrieß/Harnsteine, Nierensteine

Bei Nierengrieß und Nierensteinen können **Birke, Goldrute** und **Quecke** helfen, die Symptome zu lindern.

Niereninsuffizienz

Bei der sehr seltenen Niereninsuffizienz hat sich die Anwendung von **Goldrute** bewährt. Beide Pflanzen unterstützen die Niere und helfen so, die Symptome und die Krankheit zu lindern.

Kapuzinerkresse

Rezidivierende/chronische Nieren-, Harnwegs- und Blasenentzündungen

Kommen die Probleme immer wieder, können **Goldrute, Kapuzinerkresse, Meerrettich** und **Sonnenhut** helfen. Am besten wird eine Mischung erstellt, die mindestens 6 Wochen gegeben wird.

Parasiten

Die kleinen lästigen Mitbewohner können durch den Duft von so manch einem Kraut in die Flucht geschlagen werden. Die meisten Pflanzen, die gegen Parasiten helfen, haben einen starken Eigengeruch, den Fliege, Laus und Co. nicht mögen.

Läuse, Milben

Es ist weniger schön, wenn das Pferd »Mitbewohner« hat. Läuse und Milben hassen den Geruch von **Anisöl** und lassen sich mit diesem vertreiben.

Insektenstiche

Zur äußerlichen Behandlung von Insektenstichen eignen sich **Arnika, Ballonrebe, Lavendelöl, Nelkenöl, Pfefferminze, Salbei** und **Spitzwegerich.**

Insektenabwehr

Zur Insektenabwehr empfiehlt sich eine Lösung aus mehreren Kräutern: **Eukalyptusöl, Knoblauch, Lavendelöl, Melisse, Nelkenöl, Salbei** und **Schafgarbe.** Entweder auf Basis eines Kräutersuds oder auf Obstessigbasis.

Entwurmung

Entwurmungen immer nur unterstützend zur tierärztlichen Wurmkur, oder als prophylaktische Kur, in deren Anschluss eine Kotprobenuntersuchung erfolgen muss. Folgende Kräuter mögen Würmer nicht: **Ingwer, Knoblauch, Meerrettich** und **Thymian.**

Rekonvaleszenzzeit

Nach schweren Erkrankungen helfen **Bockshornklee, Ginkgo** und **Hagebutte** das Pferd zu stärken.

Stoffwechsel anregend

Folgende Kräuter helfen, den gesamten Stoffwechsel anzuregen. Eine Stoffwechselkur erfolgt im Idealfall im Frühjahr oder Herbst. So unterstützt sie gleichzeitig beim Fellwechsel. **Brennnessel, Birke, Gänseblümchen, Klebkraut, Löwenzahn, Quecke, Stiefmütterchen** und **Wegwarte**.

Heilkräuter und Heilöle von A–Z

Die Auswahl der Heilpflanzen

Auf den folgenden Seiten befinden sich rund 55 Einzelkräuter- sowie 10 Heilölportraits, die zur Anwendung am Pferd geeignet sind.

Es werden nur Pflanzen beschrieben, die in ihrer Handhabung unproblematisch sind und wenige oder keine Nebenwirkungen besitzen.

Bevor Sie mit der Behandlung beginnen, muss das Pferd vom Tierarzt oder Heilpraktiker untersucht worden sein und eine Diagnose vorliegen.

Aufbau der Heilpflanzenportraits

Name der Pflanze (Verwendungszweck)

Rezepturbezeichnung

Lateinischer Name des zu verwendeten Pflanzenteiles, z.B. Symphyti radix (Beinwellwurzel).

Namen der Pflanzenteile:

1. **cortex** = Rinde
2. **bacca** = Beeren
3. **bulbus** = Zwiebel
4. **flos** = Blüte
5. **folium** = Blatt
6. **fructus** = Früchte
7. **herba** = Kraut
8. **radix** = Wurzel
9. **rhizoma** = Wurzelstock
10. **semen** = Samen
11. **strobulus** = Zapfen
12. **tuber** = Knolle

Diese Bezeichnungen sind sehr wichtig, da man in vielen Beipackzetteln und auch in etlichen Büchern die Pflanzen nur unter ihrem lateinischen Namen findet.

Darüber hinaus ist es auch in einigen Apotheken üblich, die Kräuter unter der Rezepturbezeichnung zu bestellen. Deshalb sollte auf dem Bestellzettel am besten beides stehen.

Stammpflanze

Botanischer Name der ganzen Pflanze.

Familie

Pflanzen werden in unterschiedliche Familien unterteilt, die sich durch die Charakteristik der Pflanzen unterscheiden, wie z.B. Korbblütler, Doldengewächse, Kreutzblütler etc.

HAB

(Homöopathische Arzneimittel Bezeichnung)
Unter diesem Namen findet man die Pflanze in der Homöopathie. Pflanzen, die als Heilkräuter nur äußerlich angewendet werden dürfen, spielen in der Homöopathie oft eine große Rolle, z.B. Arnika.

Inhaltsstoffe

Die wichtigsten Inhaltsstoffe in der Kurzübersicht.

Primäre und Sekundäre Pflanzenstoffe

1. Primäre Pflanzenstoffe

Sind für die Aufrechterhaltung der Lebensfunktionen der Pflanze wichtig, es sind z.B. Kohlenhydrate, Fette, Proteine.

1 Wurzel, 2 Beeren, 3 Kraut, 4 Samen, 5 Blüten, 6 Samenschrot

2. Sekundäre Pflanzenstoffe

Sie entstehen aus dem Stoffwechsel der primären Pflanzenstoffe, sie sind oft nur in bestimmten Pflanzen und Entwicklungsstadien vorhanden und die phytotherapeutisch wichtigen Wirkstoffe. Für die Pflanze selbst erfüllen sie Funktionen wie: Schutz vor Schädlingen, Krankheiten, Wachstumsregulator etc.

Die wichtigsten Sekundären Pflanzenstoffe im Einzelnen

Alkaloide

Alkaloide sind so genannte Heilgifte und dienen der Pflanze zum Schutz vor Schädlingen.
Wirkung: Sie wirken auf das Nervensystem. Hier steigern oder hemmen sie die Aktivität etc.

Anthrachinone

Anthrachinone sind Zuckerverbindungen, die eine stark abführende Wirkung besitzen.
Wirkung: reizen den Darm, stimulieren die Darmperistaltik, Abführmittel, vermehren die Wasserbildung im Darm etc.
Nebenwirkung: Elektrolytverlust (Herz-Kreislaufprobleme)

Ätherische Öle

Ätherische Öle sind leicht flüchtige, stark riechende und liphophile (fettlösliche) Vielstoffgemische mit einer öligen Konsistenz. Sie besitzen eine komplexe Zusammensetzung mit bis zu 50 Bestandteilen und werden sehr schnell von den Zellen aufgenommen.
Wirkung: entzündungshemmend, durchblutungsfördernd, krampflösend, schmerzlindernd,

wirken gegen Pilze, Viren, Parasiten und Bakterien, harntreibend, entblähend, auswurffördernd, hautreizend etc.

Bitterstoffe (Amara)

Bitterstoffe sind verschiedene Substanzen (z.B. Terpene), die »bitter« schmecken.
Von ihnen gibt es drei Gruppen:
Amara tonica: Sie enthalten fast nur Bitterstoffe, z. B. Enzian.
Amara aromatica: Sie enthalten Bitterstoffe und ätherische Öle, z. B. Wermut.
Amara acria: Sie enthalten Bitterstoffe und Scharfstoffe, z. B. Ingwerwurzel.
Wirkung: Sie regen alle sekretorischen Verdauungsdrüsen, wie Magen, Galle und Pankreas an. Sie sind appetitanregend, verdauungsfördernd und sorgen für ein gutes Darmmilieu etc.

Cumarine

Cumarine sind Duftstoffe, die honigartig riechen. Der Geruch tritt erst beim Trocknen auf. Sie sind fettlöslich.
Wirkung: entzündungshemmend, lymphabflussfördernd (lymphokinetisch), entschlackend, ödemhemmend, gefäßentkrampfend
Nebenwirkung: Lichtempfindlichkeit (Photosensibilität), Blutungen im Magen-Darm-Trakt

Flavonoide

Flavonoide haben keine einheitliche Struktur. Sie schützen die Zellen und besitzen Radikalfängereigenschaften.
Wirkung: Schutzwirkung für die Blutgefäße, z.B. bei Ödemen und arteriellen Durchblutungsstörungen.
Nebenwirkung: Sie können den Magen reizen.

Gerbstoffe

Gerbstoffe binden Eiweiße und überführen sie in unlösbare Komplexe. Sie schützen die Pflanzen vor Fäulnis und Feuchtigkeit.
Wirkung: adstringierend, blutstillend, antifunghizid

Glycoside

Glycoside sind Stoffgemische. Ihre Wirksamkeit ist unterschiedlich. Man kann sie nicht unter dem Namen Glycoside zusammenfassen, sondern muss auf die Vorsilbe achten, wie z.B. Digitalisglycoside = herzwirksame Glycoside. Glycoside sind nur von Medizinern einsetzbar.

Saponine

Saponine besitzen seifenähnliche Merkmale und setzen die Oberflächenspannung herab.
Wirkung: Sie verflüssigen festsitzendes Sekret, z.B. Schleim in den Bronchien, drüsenanregend, harntreibend, ausscheidungsfördernd über die Haut, Hauptwirkort sind die Bronchien.
Nebenwirkungen: Bei Überdosierung wirken sie reizend auf den Magen-Darm-Trakt und die Nieren.

Schleimstoffe

Schleimstoffe haben eine hohe Stoffdichte, sind schleimig und bilden dadurch einen Gleitfilm. Sie binden Wasser.
Wirkung: entzündungshemmend, besonders bei Magen-Darm-Entzündungen, reizlindernd, bilden Schutzfilm, Reizhusten, können Erreger umhüllen, Gurgelmittel bei Entzündungen im Mund- und Rachenraum, bei Hauterkrankungen, wie Ekzemen und Hautverletzungen etc.

VORSICHT!

Keine gleichzeitige Medikamenteneingabe. Mindestens eine Stunde warten, da die Schleimstoffe die Medikamente umhüllen können und diese so nicht richtig oder gar nicht wirken.

Kräuter sind in den verschiedensten Darreichungsformen erhältlich, z. B. als frische oder getrocknete Kräuter, ätherische Öle, Tinkturen oder homöopathische Mittel.

Wirkrichtungen

Sie beschreiben die allgemeinen Wirkungen, die die Pflanze auf den Organismus hat.

Sonderfall Ätherische Öle: Da die meisten ätherischen Heilöle auch innerlich angewendet werden können, sind bei ihnen zusätzlich die Wirkrichtungen bei innerlicher Anwendung aufgelistet. Da die innerliche Anwendung aber nur unter therapeutischer Aufsicht erfolgen sollte, werden unter dem Punkt Indikationen nur die äußerlichen angegeben.

Indikationen

Das sind die Anwendungsbereiche der jeweiligen Pflanze. Sie werden in innerlich und äußerlich unterteilt.

Außerdem gibt es noch die Unterteilung, auf wen sich die Anwendungsgebiete beziehen, Pferd und Mensch, nur Pferd oder nur Mensch.

Zubereitung, Anwendung, Darreichungsformen und Dosierungen

Die Zubereitung ist je nach Pflanze unterschiedlich, da das Lösungsverhalten der einzelnen Inhaltsstoffe von Pflanze zu Pflanze verschieden ist. Bei Kräutermischungen sollte man die Zubereitungsform wählen, die den meisten Pflanzen der Mischung entspricht. Hier finden sich neben den puren Kräutern auch Öle, Presssäfte und Fertigpräparate.

Kontraindikationen

Als Kontraindikation bezeichnet man einen Umstand, der gegen die Einnahme der Heilpflanze spricht (Erkrankungen, Symptomen).

Nebenwirkungen

Nebenwirkungen sind zwar selten, kommen aber doch hin und wieder vor. Hier ist besonders die allergische Reaktion auf Korbblütler (wie z. B. Kamille, Ringelblume, Sonnenhut) zu nennen, da diese recht häufig vorkommt.

Bierhefe
Anis-
früchte

Andorn
Marrubium vulgare

Magen, Darm, Atemwege

Rezepturbezeichnung: Marrubii herba
Stammpflanze: Marrubium vulgare
Familie: Lippenblütler (Lamiaceae)
HAB: Marrubium vulgare

Inhaltsstoffe:
Bitterstoffe (Marrubiin etc.), Gerbstoffe, Harze, ätherisches Öl

Wirkrichtungen:
→ sekretlösend
→ auswurffördernd
→ Anregung der Gallenproduktion
→ Anregung der Galleausschüttung
→ kreislaufanregend
→ appetitanregend
→ schmerzlindernd

Indikationen:
Innerlich (ad usum internum):

Pferd & Mensch:
→ Achylie des Magens (zu wenig Magensaft)
→ Appetitlosigkeit
→ Entzündungen der Luftwege, wie z.B. Bronchitis
→ chronischer Husten
→ Asthma

Pferd:
→ Vorbeugung von Koliken und Durchfall, beim Weideauftrieb
→ Weidedurchfall

Mensch:
→ dyspeptische Beschwerden (Blähungen, Völlegefühl)
→ Durchfälle aller Art

Zubereitung, Anwendung, Darreichungsformen und Dosierung:

Innerlich

Pferd:

Infus:

→ 15–20 g täglich

Mensch:

Infus:

Tagesdosis: 4,5 g täglich, auf 3 Gaben aufteilen

Presssaft:

3–6 Esslöffel täglich

Altes Wissen & Wissenswertes

- Bei Pferden, die zu Beginn der Weidesaison zu Durchfall neigen, jeden Tag 20 g Andorn unter das Futter mischen.
- Für Paracelsus war der Andorn der »Arzt der Lunge«, da er bei vielen Bronchialleiden helfen kann.
- Durch die Vielzahl an enthaltenen Bitterstoffen, hilft er, die Verdauung anzuregen und wird in südlichen Ländern gerne als Tee getrunken. Er ersetzt dort den Verdauungsschnaps, den wir in Deutschland kennen.
- Andorn findet sich in etlichen Magenbittern sowie in Hustenbonbons.
- Um seinem bitteren Geschmack entgegenzuwirken, empfiehlt es sich Honig, in den Tee zu geben.
- Wenn Ihnen Andorn zu bitter ist, manche Pferde fressen ihn deshalb auch nicht, können Sie auf die homöopathische Form zurückgreifen, am besten in den Potenzen D3 oder D6.
- Hinweis: Durch seine Bitterkeit wird Andorn nicht von allen Pferden gefressen.

Anis/Anisöl

Pimpinella ansium

Magen, Darm, Atemwege, Parasiten

Rezepturbezeichnung: Anis fructus (Anisfrüchte) und Anisi aetheroleum (Anisöl)
Stammpflanze: Pimpinella anisum
Familie: Doldenblütler (Apiaceae)
HAB: Anisum

Inhaltsstoffe:

Ätherische Öle (Anethol), fette Öle

Wirkrichtungen:

→ entblähend
→ auswurffördernd
→ krampflösend (Entspannung der glatten Muskulatur des Verdauungstraktes)
→ gegen Bakterien
→ gegen Pilze
→ gegen Viren
→ sekretlösend
→ milchtreibend
→ Rosse fördernd

Indikationen:

Innerlich (ad usum Internum):
Pferd & Mensch:
Früchte:
→ Gasansammlungen und Blähungen im Darm
→ Kolik
→ Prophylaxe für Krampfkoliken
→ alle Art von Magenbeschwerden
→ Husten, besonders Krampfhusten, mildes Mittel
→ trockener und Reizhusten
→ Bronchitis
Pferd:
→ Rosse fördernd

Äußerlich (ad usum externum):
Pferd & Mensch:
Öl:
→ gegen Parasiten, wie Milben, Läuse, Haarlinge
→ Insektenabwehr
→ Entzündungen der Atemwege
→ Husten
Mensch:
Öl:
→ Inhalation mit Anisöl bei Schnupfen und Entzündungen der oberen Atemwege

Zubereitung und Anwendung:

Innerlich
Pferd:
Infus:
→ 10–25 g Früchte täglich
Fertigpräparate:
→ ColoSan®
→ Sekrosan® Liquid
Mensch:
Infus:
→ Tagesdosis: 3g
→ auf 2–3 Gaben aufteilen
→ Früchte am besten immer frisch mörsern
Fertigpräparate:
→ Kümmel-, Fenchel-, Anistee-Mischungen

Äußerlich
Pferd & Mensch:
Öl:
→ 10 Tropfen auf 100 ml Trägeröl
→ Inhalation 10 Tropfen in 1 l heißes Wasser geben

Nebenwirkung:

→ selten Allergie

Altes Wissen & Wissenswertes:

- Anis ist eine der ältesten Kulturpflanzen der Erde, sie wurde schon im Jahr 1550 vor Christus im Papyrus Ebers erwähnt.
- Frühere Hochkulturen nutzten Anis. Im römischen Reich wurde er viel verwendet und gelangte etwa im 8. Jahrhundert durch die Benediktinermönche nach Europa.
- Anis ist aufgrund seines hohen Gehalts an ätherischen Ölen sehr aromatisch und wird in der Lebensmittelindustrie gerne verwendet.
- Man findet ihn in der klassischen Weihnachtsbäckerei, in Brotgewürzmischungen, aber auch in Spirituosen wie etwa dem Ouzo.
- So angenehm wir Menschen den Duft von Anis finden, Läuse, Milben, Haarlinge, Fliegen und Bremsen mögen ihn gar nicht. Aus diesem Grund eignet sich Anis sehr gut als natürliches Abwehrmittel.

Arnika

Arnica montana

Bewegungsapparat

Rezepturbezeichnung: Arnicae flos.
Stammpflanze: Arnica montana
Familie: Korbblütler (Asteraceae)
HAB: Arnica

Inhaltsstoffe:

Ätherisches Öl, Flavonoide, Bitterstoffe, Procyanidine, Cumarine, Triterpene, Carotinoide, Phenolcarbonsäuren

Wirkrichtungen:

→ entzündungshemmend
→ gegen Keime
→ gegen Bakterien
→ schmerzlindernd bei Entzündungen
→ gegen Pilze
→ gegen Rheuma
→ gegen Arthritis
→ hemmt Histamin
→ ödemhemmend

Indikationen:

Äußerlich (ad usum externum):

Pferd & Mensch:
→ Blutergüsse
→ Verstauchungen
→ Prellungen
→ Zerrungen
→ Quetschungen
→ Ödeme
→ schlecht heilende Wunden (z.B. Satteldruck)
→ Muskelbeschwerden
→ Gelenkbeschwerden, wie Arthrose, Arthritis
→ Sehnen-, Sehnenscheiden- und Schleimbeutelentzündung
→ Insektenstiche

Mensch:
→ oberflächliche Venenentzündungen

Zubereitung, Anwendung, Darreichungsformen und Dosierung:

Äußerlich

Pferd & Mensch:

Tinktur:
→ nur verdünnt anwenden, 1 Teil Arnika, 5 Teile Wasser
→ zur Kühlung und Erfrischung 5 ml Tinktur auf 2 Liter Wasser

Öl:
→ 1 : 2 mit neutralem Trägeröl (Raps-, Sonnenblumenöl etc.) verdünnt auftragen

Fertigpräparate Pferd:
→ Arnikavet von PlantaVet®
→ Restitutionsfluid PLV®
→ Percutin®-Paste
→ ProTendo®-Gel

Fertigpräparate Mensch:
→ Arnika Salbe
→ Retterspitz äußerlich®

Kontraindikation:
→ offene Wunden

Nebenwirkungen:
→ Hautreizungen
→ Allergische Hautreaktionen

Altes Wissen & Wissenswertes:

- Arnika hat viele Namen, der bekannteste deutsche Name ist Bergwohlverleih (»Wohl vor dem Leid«).
- Erste Erwähnungen der Pflanze stammen wahrscheinlich von Hildegard von Bingen, die sie als »wolfesgelegena« bezeichnete. Die Beziehung zum Wolf blieb auch später noch bestehen, so wurde Arnika auch als Wolfstod, Wolfsleiche, Wolfsgelb etc. benannt. Ob sie durch ihre Wildheit mit dem Wolf verglichen wurde oder ob ihr nachgesagt wurde, Wölfe töten zu können, ist ungeklärt.
- Andere Bezeichnungen wie Fallkraut, Bruchkraut, Blutkraut oder auch Verfangskraut beziehen sich stark auf ihre Heilwirkung bei allen möglichen Verletzungen.
- Innerlich kann Arnika auf Grund ihrer leichten Giftigkeit nur als homöopathisches Mittel Arnica angewendet werden. D6 als Akutmittel bei allen Arten von Verletzungen, 15 Tropfen 3–5-mal täglich, je nach Schwere der Erkrankung.
- Arnika-Globuli und -Salbe sollten in keiner Stallapotheke fehlen!

Artischocke

Cynara scolymus

Leber, Magen, Darm

Rezepturbezeichnung: Cynarae folium
Stammpflanze: Cynara scolymus
Familie: Korbblütler (Asteraceae)
HAB: Cynara scolymus

Inhaltsstoffe:

Bitterstoffe (Cynarin), Vitamine A, C, E, Flavonoide, Enzyme (leicht antidiabetisch), CCS (Caffeeolylchinasäure) werden nur in der Teezubereitung gelöst, wichtig für die Wirkung.

Wirkrichtungen:

→ Anregung der Galleproduktion
→ Anregung der Galleausschüttung
→ Lebervergiftungsbekämpfend
→ lipidsenkend
→ harntreibend
→ leberschützend
→ krampflösend
→ entblähend
→ appetitanregend

Indikationen:

Innerlich (ad usum Internum):

Pferd & Mensch:

→ Blähungen, Gasansammlungen im Darm
→ Funktionsstörungen im Bereich der Leber
→ Appetitlosigkeit
→ Prophylaxe und Therapie von Gefäßerkrankungen
→ Vergiftungen der Leber, Leberstoffwechsel verbessern
→ Mangelnde Sekretion der Verdauungsdrüsen
→ Metabolisches Syndrom (begleitend)
→ Stoffwechselstörungen

Mensch:

→ Regulation des Blutfettspiegels
→ Verstopfung

Zubereitung, Anwendung, Darreichungsformen und Dosierung:

Innerlich:

Pferd:

Infus:

→ 15 g täglich

Mensch:

Fertigpräparate:

Tagesdosis: 900–1600 mg wässriger Trockenextrakt, 3-mal täglich je eine Tablette

Altes Wissen & Wissenswertes:

- Tipp für den Reiter: Nach reichlichem Essen einen alkoholfreien Kräuterbitter aus dem Reformhaus genießen. Er enthält Artischocke und andere Kräuter, die die Fettverdauung unterstützen.
- Studien am Menschen haben deutlich gezeigt, dass Artischockenblätter die Blutfettwerte senken können, eine Senkung des schädlichen LDL-Cholesterins um 11,5 Prozent konnte erreicht werden.
- Laut einer Legende verliebte sich der griechische Gott Zeus in die Nymphe Cynaria, als diese seine Liebe nicht erwiderte verwandelte er sie in die stachelige Edeldistel.

Augentrost

Euphrasia officinalis

Augen

Rezepturbezeichnung: Euphrasiae herba
Stammpflanze: Euphrasia officinalis
Familie: Braunwurzgewächse (Scrophulariaceae)
HAB: Euphrasia

Inhaltsstoffe:

Iridoidglykoside (Aucubin etc.), Phenylpropanglykoside, Lignane, Flavonoide, Gerbstoffe, Bitterstoffe, ätherische Öle, Alkaloide, Mineralien, Vitamine, Phytosterole

Wirkrichtungen:

→ entzündungshemmend
→ zusammenziehend
→ schmerzlindernd

Indikationen:

Äußerlich (ad usum externum):
Pferd & Mensch:
→ Bindehautentzündung
→ Augenentzündungen
→ Gerstenkorn
→ Juckreiz am Auge
→ Tränenfluss
→ Augenreizung
→ Augengeschwüre

Zubereitung, Anwendung, Darreichungsformen und Dosierung:

Äußerlich:
Pferd:
Fertigpräparate:
→ EuphraVet®
Mensch:
Fertigpräparate:
→ In der Apotheke erfragen (z.B. von Wala)

Altes Wissen & Wissenswertes:

- Euphrasia bedeutet Frohsinn, der Augentrost galt in früherer Zeit als Blume der Heiterkeit und des Frohsinns. Augentrost wird schon seit dem Mittelalter gegen Augenleiden verwendet.
- Auch in der Signaturlehre (Aussehen der Pflanze leitet ihre Heilkraft her), spielt der Augentrost eine große Rolle, da die Blüten an Augen und Wimpern erinnern.
- Hinweis: Bei allen Augenerkrankungen sollte zuerst der Tierarzt gerufen werden, da auch hinter einer harmlos anmutenden Reizung im Auge eine schwerwiegende Erkrankung stecken kann.
- Augentrost sollte immer als Fertigpräparat verwendet werden, da im Tee/Sud Verunreinigungen enthalten sein können, die das Auge schädigen.

Avocadoöl
Persea americana

Haut

Rezepturbezeichnung: Persea olium
Stammpflanze: Persea americana
HAB: Persea americana

Inhaltsstoffe:
Vitamin E, A, B, Aminosäuren, Lecithin, antibiotische Wirkstoffe, Triglyceride

Wirkrichtungen:
→ juckreizlindernd
→ hautberuhigend
→ wundheilungsfördernd

Indikationen:
Äußerlich (ad usum externum):
→ Ekzem, trocken schuppig
→ Wunden
→ Schuppen
→ trockene Haut
→ rissige Haut (Fissuren)

Zusätzliche Indikationen Mensch:
Äußerlich (ad usum externum):
→ Schuppenflechte
→ Neurodermitis

Zubereitung, Anwendung, Darreichungsformen und Dosierung:
Äußerlich
Pferd und Mensch:
Öl:
→ pur anwenden

Altes Wissen und Wissenswertes:
- Avocadoöl kann auch als Trägeröl benutzt werden, um ätherische Öle zu verdünnen.
- Avocadoöl ist genau wie Olivenöl ein Fruchtfleischöl.
- Die Heimat der Avocado liegt in Südamerika, dort wird sie schon seit über 9.000 Jahren als Speise genutzt.
- Avocados sind für Menschen ein gesunder Genuss, für Pferde, Katzen, Hunde, Vögel und Nager hingegen sind sie giftig. Deshalb sollte das Öl auch nie verfüttert werden. Zu Hause muss darauf geachtet werden, dass Tiere nichts davon essen.

Baldrian

Valeriana officinalis

Nervensystem

Rezepturbezeichnung: Valerianae radix
Stammpflanze: Valeriana officinalis
Familie: Baldriangewächse (Valerianaceae)
HAB: Valeriana

Inhaltsstoffe:

Ätherisches Öl, Baldriansäure (Valerensäuren, machen den Geruch), geringe Mengen Alkaloide (nicht toxisch), Flavonoide, Aminosäuren, Fettsäuren

Wirkrichtungen:

→ beruhigend
→ muskelentspannend
→ krampflösend
→ angstlösend

Indikationen:

Innerlich (ad usum Internum):

Pferd & Mensch:
→ Nervosität, Unruhe
→ nervös bedingte krampfartige Schmerzen im Magen-Darmtrakt

Pferd:
→ bei Stallwechsel
→ nervös bedingte Krampfkoliken

Mensch:
→ Durchschlafstörungen
→ Schlaflosigkeit, erhöht die Entspannung und damit die Schlafbereitschaft
→ nervös bedingtes Herzklopfen
→ Menstruationsbeschwerden
→ Krämpfe
→ nervöse Kopfschmerzen, Migräne
→ nervös bedingte Reizblase

Äußerlich (ad usum Externum):
Pferd & Mensch:
→ verkrampfte Muskulatur

Zubereitung, Anwendung, Darreichungsformen und Dosierung:

Innerlich:
Pferd:
Mazerat:
→ 25–50 g täglich Wurzelpulver/Wurzelstücke für 12 Std. in Wasser ansetzen, dann übers Futter geben.
Mensch:
Mazerat:
→ 2–3 g täglich Wurzelpulver/Wurzelstücke für 12 Std. in Wasser ansetzen.
Fertigpräparate:
→ Apotheke, je nach Anwendung in unterschiedlicher starker Dosierung, z.B. bei Schlafstörungen 600 mg Trockenextrakt.

Äußerlich
Pferd & Mensch:
Mazerat:
→ 10 g auf 500 ml Wasser, 12 Stunden einweichen, abseihen
→ auf Kompresse geben und auf die betroffene Stelle legen
Badezubereitung Mensch:
→ 100 g in ein Vollbad geben

Nebenwirkungen:

→ Bei Überdosierung Herzrasen und Kopfschmerzen
→ Baldrian kann in seltenen Fällen auch paradoxe Reaktionen auslösen und wirkt dann aufputschend

Altes Wissen & Wissenswertes:

- Baldrian wirkt auf Katzen und Ratten nicht beruhigend, sondern äußerst anregend und anziehend, deshalb sollte er im Stall immer sicher verwahrt werden.
- Es hält sich das Gerücht, dass der Rattenfänger von Hameln eine große Menge Baldrian bei sich geführt haben soll.
- Baldrian macht nicht schläfrig, er beruhigt nur, sorgt für Entspannung und Gelassenheit. Er fördert beim Menschen damit die Schlafbereitschaft und verkürzt die Einschlafzeit, außerdem verbessert er die Schlafqualität und vermindert nächtliches Aufwachen.
- In vielen Fertigpräparaten für Menschen wird er mit den ebenfalls beruhigenden Kräutern Passionsblume, Melisse und Hopfen kombiniert.
- Es gibt keine Beweise dafür, dass Baldrian körperlich oder psychisch abhängig macht, so kann er auch über längere Zeit eingenommen werden.
- Baldrian ist eine von vielen Mythen umgebene Pflanze. Er war eine germanische Kraftpflanze, die eng mit dem Lichtgott Baldur verbunden war.
- In der Antike galt er als beliebtes Heilmittel, trug allerdings den Namen Phu. Die Bezeichnung »officinalis« im Stammpflanzennamen deutet auf eine frühe Verwendung in Apotheken hin.
- Baldrian galt als Heilmittel gegen die Pest, aber auch als Liebeskraut, da er so anregend auf Katzen wirkte. Baldrian im Mund und den Auserwählten geküsst, sollte ihn an einen binden.
- Der Geruch von Baldrianwurzel ist extrem und für den Menschen eher unangenehm, was ihm auch den Namen Stinkwurz bescherte.
- Die erste Erwähnung als Beruhigungsmittel geht auf das 18. Jahrhundert zurück.

Ballonrebe
Cardiospermum halicacabum

Haut

Rezepturbezeichnung: Cardiospermi herba
Stammpflanze: Cardiospermum halicacabum
Familie: Seifenbaumgewächse (Sapindaceae)
HAB: Cardiospermum halicacabum

Inhaltsstoffe:
Halicarsäure, Saponine, Tannine, Alkaloide, Flavonoide, Sterine, Triterpene

Wirkrichtungen:
→ entzündungshemmend
→ juckreizlindernd
→ feuchtigkeitsspendend

Indikationen:
Äußerlich (ad usum externum):
Pferd & Mensch:
→ Hautentzündung, trockene Haut mit Juckreiz
→ Ekzem mit trockener Haut und Juckreiz
→ Kontaktallergie
→ Insektenstiche
→ Nesselsucht
Pferd:
→ Sommerekzem mit trockener Haut und Juckreiz
Mensch:
→ Schuppenflechte
→ Neurodermitis
→ Kontaktekzem

Zubereitung, Anwendung, Darreichungsformen und Dosierung:
Äußerlich
Pferd & Mensch:
Infus:
5 g auf 150 ml Wasser
Besser Fertigpräparate verwenden
Fertigpräparate Mensch:
→ Halicar®-Salbe N
→ Halicar®-Creme
→ Dermaplant®
→ Salbe mehrmals täglich auftragen

Altes Wissen & Wissenswertes:

- Ursprünglich kam die Ballonrebe als Zierpflanze nach Europa, ihre Heimat sind die subtropischen Gebiete in Amerika und Afrika.
- Sie wird auf Grund ihrer Wirkung als natürliches Kortison bezeichnet und kann unterstützend in der Kortisontherapie verwendet werden oder sie sogar ersetzen.
- Der botanische Name Cardiospernum weist auf die Herzform der Samen hin, Cardio = Herz und Spernum = Samen.
- Bei Allergien muss auch auf die Salbengrundlagen geachtet werden. Besteht eine Allergie gegen eine der Bestandteile der Creme, können sich die Symptome verschlechtern.

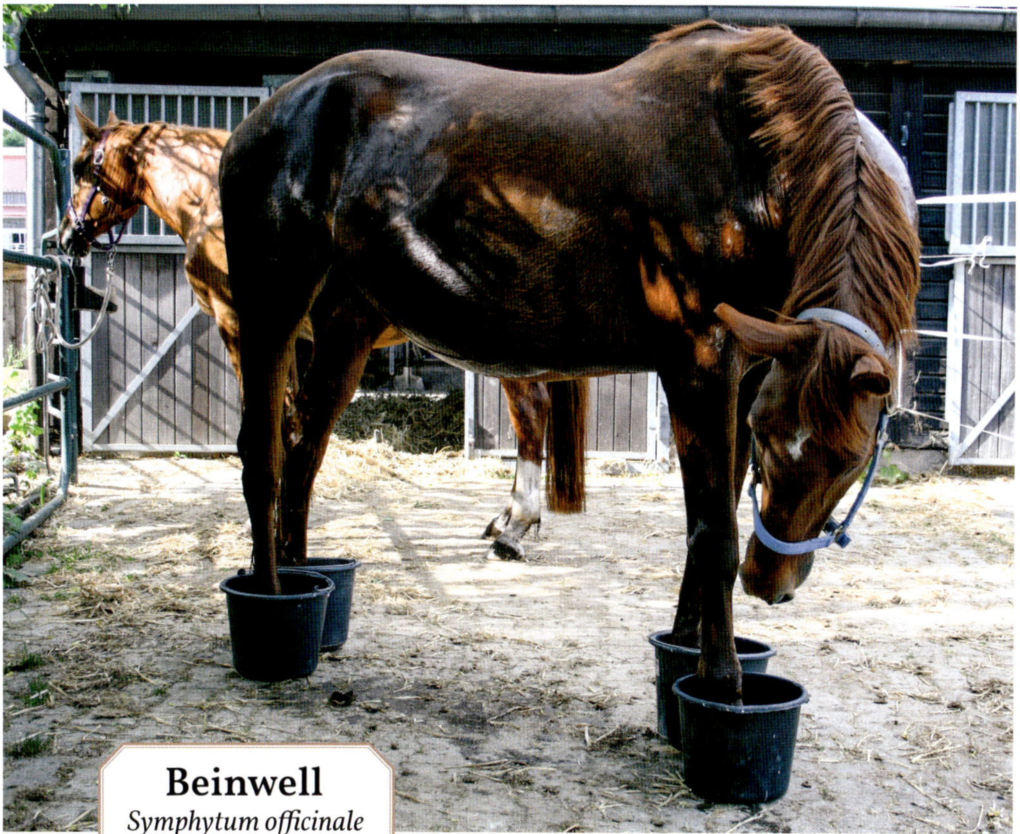

Beinwell

Symphytum officinale

Bewegungsapparat

Rezepturbezeichnung: Symphyti radix, herba, folium
Stammpflanze: Symphytum officinale
Familie: Borretschgewächse (Boraginaceae)
HAB: Symphytum

Inhaltsstoffe:

Blätter und Kraut: Allantoin, Gerbstoffe, Rosmarinsäure, Schleimstoffe und Spuren von Pyrrolizinalalkaloid, Vitamin B12
Wurzel: Allantoin, Schleimstoffe, Cholin, Gerbstoffe, Stärke, Triterpene, Sterole und Spuren von Pyrrolizinalalkaloiden.

Wirkrichtungen:

→ abschwellend
→ zusammenziehend
→ entzündungshemmend
→ schmerzlindernd
→ wundreinigend
→ fördert die Kallusbildung
→ lokal reizmildernd
→ wundheilungsfördernd
→ granulationsfördernd
→ Verflüssigung des Wundsekrets

Indikationen:

Äußerlich (ad usum externum):

Pferd & Mensch:

→ Prellungen
→ Verstauchungen
→ Zerrungen
→ schlecht heilende Frakturen
→ Sehnen-, Sehnenscheiden-, und Schleimbeutelentzündung
→ Bluterguss
→ Lymphknotenschwellung bei fieberhaften Infekten

→ Geschwüre
→ Knochenhautentzündung
→ bei eitrigen Wunden
→ Überbeine
→ Gallen (auch Prophylaxe)
→ Arthrose, Arthritis
→ Insektenstiche

Mensch:
→ Gicht
→ Thrombophlebitiden
→ Brustentzündung
→ Nagelbettentzündung

Zubereitung, Anwendung, Darreichungsformen und Dosierung:

Äußerlich

Pferd & Mensch:

Dekokt:
100 g Wurzel (gepulvert oder geschnitten) in 1 Liter, 10 Minuten kochen, abkühlen lassen, Wurzel absieben, ausdrücken, Sud als Umschlag auf die betroffene Stelle geben.

Tinktur:
1 Teil Tinktur, 5 Teile Wasser, als Umschlage anwenden

Fertigpräparate Pferd:
→ RestitutiondFluid PLV®
→ ProTendo®-Gel

Fertigpräparate Mensch:
→ Kytta®-Salbe
→ Kytta®-Balsam
→ Kytta®-Plasma
→ Traumaplant®

Kontraindikationen:

→ tiefe und/oder verschmutzte Wunden, da die Wundheilung massiv gefördert wird und die Wunde sehr schnell geschlossen wird
→ offene Wunden
→ Schwangerschaft

Nebenwirkungen:

→ Keine innerliche Anwendung, wegen der nicht geklärten Giftigkeit der Pyrrolizinalalkaloide.

Altes Wissen & Wissenswertes:

- Auf Grund der im Beinwell enthaltenen giftigen *Pyrrolizinalalkaloide* nicht länger als 4–5 Wochen anwenden. In Fertigpräparaten sind sie meist nicht enthalten und so können dieses auch dauerhaft angewendet werden.
- Wurzeln wirken stärker als Blätter und Kraut.
- Innerlich nur das homöopathische Mittel Symphytum D6, 3-mal täglich 15 Tropfen/Globuli anwenden, da Beinwell als Pflanze innerlich nicht ganz unschädlich ist durch ihren Gehalt an *Pyrrolizinalalkaloide*.
- Beinwell ist seit der Antike dafür bekannt, kaputte Knochen zu heilen. Im Mittelalter war er ein viel eingesetztes Wundmittel. Man ging sogar davon aus, dass in Beinwellsud gegebene gebrochene Knochen beim Kochen wieder zusammenwachsen. So entstand auch sein botanischer Name Symphytum, was so viel wie zusammenwachsen bedeutet.
- Allantoin ist der Hauptwirkstoff des Beinwells, er fördert die Neubildung von Zellen, auch von Knochenzellen. Allantoin befindet sich außerdem im Sekret von Fliegenmaden, die bei der Behandlung von schweren Wunden und Verletzungen eingesetzt werden.

Bibernelle
Pimpinella major

Atemwege

Rezepturbezeichnung: Pimpinellae radix
Stammpflanze: Pimpinella major, Pimpinella saxifraga
Familie: Doldengewächse (Apiaceae)
HAB: Pimpinella alba

Inhaltsstoffe:

Ätherisches Öl (Bisabolen, Tiglinsäureester), Gerbstoffe, Harzstoffe, Cumarine, Saponine, Chlorogensäure

Wirkrichtungen:

→ sekretlösend
→ fördert den Abtransport von Schleim
→ auswurffördernd
→ keimhemmend
→ entblähend

Indikationen:

Innerlich (ad usum internum):
Pferd & Mensch:
→ Entzündungen (Katarrhe) der oberen Luftwege
→ Husten mit festsitzendem Schleim
→ chronischer Husten
→ Blähungen
Mensch:
→ Erkältungskrankheiten

Zubereitung, Anwendung, Darreichungsformen und Dosierung:

Innerlich:
Pferd:
Infus:
→ 20–30 g täglich
Mensch:
Infus:
Tagesdosis: 6–12 g täglich auf 3–4 Gaben aufteilen

Altes Wissen & Wissenswertes:

- Die Bibernelle wird auch Pimpernelle genannt und gehörte im Mittelalter zu den Pestkräutern. »Esst Bibernell, damit sterbet nicht so schnell«, hieß es im Volksmund.
- Sie riecht leicht unangenehm. Ihr Geruch wird als bockartig beschrieben, was ihr wohl auch den Namen Bockspeterlein oder auch Bockwurz einbrachte.
- Mit dem Rückgang der Pest geriet die Bibernelle etwas in Vergessenheit.
- Der botanische Name Pimpinella leitet sich wahrscheinlich vom lateinischen Wort für Pfeffer »Piper« ab, da die Wurzel einen pfefferähnlichen Geschmack besitzt.
- Sie ist eng mit dem Anis verwandt, was sich auch im botanischen Namen von Anis »Pimpinella anisum« erkennen lässt.

Birke

Betula pendula

Harnwege, Stoffwechsel, Haut, Bewegnungsapparat

Rezepturbezeichnung: Betulae folium
Stammpflanze: Betula pendula
Familie: Birkengewächse (Betulaceae)
HAB: Betula alba

Inhaltsstoffe:

Flavonoide (Hyerosid), Saponine, Pflanzensäuren, Gerbstoffe, ätherisches Öl, Bitterstoffe

Wirkrichtungen:

- → harntreibend
- → leicht gegen Bakterien wirksam
- → entzündungshemmend
- → schwach entgiftend
- → gegen Wasseransammlungen im Körper, abschwellend

Indikationen:

Innerlich (ad usum Internum):

Pferd & Mensch:

- → Durchspülungstherapie bei bakteriellen, entzündlichen Erkrankungen der Harnwege
- → Nierengrieß, Harngrieß
- → Prophylaxe bei Harngrieß, Harnsteine, Nierensteinen und Nierengrieß
- → Stärkung der Abwehrkräfte
- → Hauterkrankungen
- → Ekzem
- → Allergie
- → Arthrose, Arthritis
- → Stoffwechsel anregend

Pferd:

- → Hufrehe
- → Sommerekzem

Mensch:

- → Rheumatische Erkrankungen

Äußerlich (ad usum extrenum):

Mensch:

- → Schuppenflechte

Kontraindikation:

- → Ödeme aufgrund von Herz- und Niereninsuffizienz

Altes Wissen & Wissenswertes:

- Die Birke, die als Frühlingsbaum gilt, hat von jeher einen großen Stellenwert in Naturbräuchen. Sie wird oft als Maibaum verwendet und in der Tradition des Maibaumsteckens. In der Nacht zum ersten Mai (Walpurgisnacht), steckt man einen Zweig an das Haus der Geliebten.
- Ein anderer Brauch war es, Birkenzweige in der Walpurgisnacht am Stall zu befestigen, um so böse Geister zu vertreiben und die Besitzer vor Verhexungen zu schützen.
- Birkenrinde wurde in früheren Zeiten vielseitig verwendet, so trug zum Beispiel Ötzi, der Mann aus dem Eis, einen Becher aus Birkenrinde mit sich.
- Birkenblätter eignen sich sehr gut als Bestandteil von Frühjahrskuren, die entschlackend wirken.
- Ein paar frische Zweige abschneiden und den Pferden zum Knabbern anbieten.

Zubereitung, Anwendung, Darreichungsformen und Dosierung:

Innerlich:
Pferd:
→ 40–50 g täglich
Mensch:
Infus:
Tagesdosis 4–9 g auf 3 Gaben aufteilen

Äußerlich
Mensch:
Infus:
Tagesdosis 5 g auf 150 ml Wasser
Fertigpräparate:
Imlan®-Creme und Imlan®-Creme plus

Blutwurz

Petentilla tormentilla

Magen, Darm, Haut

Rezepturbezeichnung: Tormentillae rhizoma
Stammpflanze: Potentilla/tormentilla
Familie: Rosengewächse (Rosaceae)
HAB: Tormentilla

Inhaltsstoffe:

Gerbstoffe (viel Katechin-, wenig Tanningärgerbstoffe), Pflanzensäuren, wenig Glycoside.

Wirkrichtungen:

→ zusammenziehend
→ wachstumshemmend von Mikroorganismen
→ antiviral
→ antiallergisch
→ hemmt Sekretion der Verdauungssäfte

Indikationen:

Innerlich (ad usum Internum):

Pferd & Mensch:

→ unspezifischer, akuter Durchfall, vor allem mit Blähungen
→ Entzündungen die mit Durchfall verbunden sind
→ Entzündungen der Magen- und Darmschleimhaut

Pferd:

→ Weidedurchfall

Mensch:

→ Halsentzündungen gurgeln
→ Colitis ulcerosa

Äußerlich (ad usum externum):

Pferd & Mensch:

→ schlecht heilende und stark blutende Wunden
→ Verbrennungen
→ nässendes Ekzem
→ Nesselsucht

Zubereitung, Anwendung, Darreichungsformen und Dosierung:

Innerlich:

Pferd:

Dekokt:
20–40 g täglich mit 300 ml Wasser aufkochen
Höchstens 3–4 Tage anwenden

Mensch:

Dekokt:

→ Tagesdosis 6 g auf 3 Gaben aufteilen
Höchstens 3–4 Tage anwenden

Äußerlich

Pferd & Mensch:
Dekokt:
50 g auf 1,5 Liter Wasser
Tinktur:
1 : 10 mit Wasser
Fertigpräparat Mensch:
REPHA-OS®-Mundspray

Kontraindikation:

→ Trächtigkeit

Nebenwirkungen:

→ selten Magenschmerzen

Altes Wissen & Wissenswertes:

- Innerlich hat die Blutwurz zwar eine schwächere Wirkung als Gänsefingerkraut, ist aber magenfreundlicher.
- Die Signaturlehre (Aussehen der Pflanze leitet ihre Heilkraft her) schloss aufgrund der roten Farbe des Wurzelsaftes auf eine Wirkung bei Blutungen und hat damit Recht: Blutwurz wirkt stark blutstillend.
- Blutwurz wurde schon in frühen Zeiten als Mittel gegen Durchfall und zur Blutstillung verwendet.
- Ob der Name Blutwurz von ihrer blutstillenden Wirkung kommt oder vom roten Saft der Wurzel, ist unklar.
- Sie wurde bzw. wird auch zum Ledergerben und -färben verwendet.
- Blutwurz ist eine der wichtigsten Gerbstoffdrogen, sie enthält etwa 20 Prozent Gerbstoffe.

Bockshornklee

Trigonella foenum graecum

Bewegungsapparat, Haut

Rezepturbezeichnung: Foenugraeci semen
Stammpflanze: Trigonella foenum graecum
Familie: Schmetterlingsblütengewächse (Fabaaceae)
HAB: Trigonella foenum graecum

Inhaltsstoffe:

Schleimstoffe, Steroidsaponine, ätherisches Öl, Flavonoide, Sterole, Bitterstoffe

Wirkrichtungen:

→ stark entzündungshemmend
→ reizmildernd
→ gegen Keime
→ gegen Wasseransammlungen im Körper, abschwellend
→ milchtreibend
→ fördert die Sekretbildung in Magen, Darm und Galle
→ immunstärkend
→ reguliert Blutzuckerspiegel

Indikationen:

Innerlich (ad usum internum):
Pferd & Mensch:
→ Appetitlosigkeit
→ schlechte Milchproduktion
→ Haarausfall
→ allgemein kräftigend
Pferd:
→ gut für Hufe und Fell
→ EMS
→ Hufrehe
Mensch:
→ begleitend bei Diabetes (in Absprache mit dem Arzt)

Äußerlich (ad usum externum):
Pferd & Mensch:
→ Hautentzündung
→ Ekzem, entzündet
→ Muskel- und Gelenkschmerzen
→ Furunkel
→ eitrige Geschwüre und Wunden
Pferd:
→ Mauke
→ Speicheldrüsenschwellung
Mensch:
→ Brustentzündung

Zubereitung, Anwendung, Darreichungsformen und Dosierung:

Innerlich:
Pferd:
→ 30–50 g täglich
Mensch:
→ Tagesdosis: 6 g täglich auf 2 Gaben aufteilen

Äußerlich

Pferd & Mensch:

Samenschrotpaste:

→ 50 g geschroteter oder gemahlener Samen mit 200 ml heißes Wasser vermischen und den Brei auf die betroffene Stelle geben.

Fertigpräparat Mensch:

→ Teuto® Sog-Auflagen (enthalten Bockshornklee und grüne Minze)

Nebenwirkungen:

→ nach längerer äußerlicher Anwendung Hautreizungen

Kontraindikation:

→ Trächtigkeit

Altes Wissen & Wissenswertes:

- Bockshornklee ist eine der ältesten Arznei- und Kulturpflanzen in Indien, Vorderasien und Ägypten, dort wird sie seit Jahrtausenden kultiviert.
- Bockshornklee ist in fast allen Currygewürzmischungen enthalten, er ist ein sehr beliebtes Gewürz in der indischen Küche.
- Bockshornklee wirkt appetitanregend und stärkend, deshalb sollte er bei EMS- und Rehe-Pferden nicht dauerhaft gefüttert werden, obwohl er in klinischen Studien an Ratten eine Senkung des Blutzuckerspiegels bewirkte.

Brennnessel

Urtica urens

Haut, Harnwege, Bewegungsapparat Stoffwechsel

Rezepturbezeichnung: Urtici herba
Stammpflanze: Urtici dioica (große)/ Urtica urens (kleine)
Familie: Brennnesselgewächse (Urticaceae)
HAB: Urtica/Urtica dioica

Inhaltsstoffe:

Flavonoide, ß-Sitosterin (Cholesterinsenker), Curmarine, Mineralien, Pflanzensäuren (vor allem Ameisensäure, Kieselsäure), Histamin (Blatthaare), Vitamine, Polysaccharide.

Wirkrichtungen:

- → harntreibend
- → erhöht Harnsäureausscheidung
- → gegen Blutanstauung, meist als Folge von Entzündungsreizen
- → entzündungshemmend
- → Stoffwechsel anregend
- → reinigend, ausleitend
- → schmerzlindernd
- → antirheumatisch
- → milchtreibend
- → zusammenziehend

Indikationen:

Innerlich (ad usum Internum):

Pferd & Mensch:

- → Durchspülungstherapie, bei bakteriellen und entzündlichen Erkrankungen der ableitenden Harnwege
- → Reizblase
- → Arthritis und Arthrosen
- → Hauterkrankungen
- → Haarausfall
- → fördert den Milchfluss
- → Blutarmut
- → Stoffwechselstörungen
- → Mineralstoffmangel
- → Allergien

Pferd:

- → Hufrehe
- → Mauke
- → Sommerekzem, auch als Prophylaxe, einige Monate vor Saison mit der Fütterung beginnen
- → Hufrollenentzündung

Mensch:

- → Rheumatische Erkrankungen
- → Gicht
- → Nierengrieß (auch Prophylaxe)

Äußerlich (ad usum externum):
Pferd & Mensch:
→ Juckreiz
→ Haarwasser (Tee)
→ Ekzem

Zubereitung, Anwendung, Darreichungsformen und Dosierung:

Innerlich:
Pferd:
→ 20–45 g täglich
Fertigpräparat Pferd:
→ Arthrocheval®
Mensch:
Infus:
→ Tagesdosis: 8–12 g täglich, am besten eine Kanne Tee kochen und über den ganzen Tag verteilt trinken. Der Tee wirkt harntreibend, also nicht unbedingt anwenden, wenn keine Toilette in der Nähe ist.

Äußerlich
Pferd & Mensch:
Dekokt:
→ 300 g frische oder getrocknete Blätter, in 1 l Wasser kochen, 10 Minuten ziehen lassen, danach abseihen.
Frischsaft:
→ unverdünnt auftragen

Nebenwirkungen:

→ Nesselfieber

Kontraindikationen:

→ Ödeme (Herz- und Niereninsuffizienz)

Altes Wissen & Wissenswertes:

- Bereits im Altertum wurde die Brennnessel beschrieben und als Heilpflanze bei Harnwegserkrankungen genutzt. Darüber hinaus war sie eine wertvolle Nutzpflanze, ihre Fasern wurden dazu verwendet, Gewänder, Stoffe und Seile herzustellen.
- Im ersten Weltkrieg erlebte sie eine Renaissance. Durch die Seeblockaden wurden in Deutschland Stoffe knapp. Die »Gesellschaft deutscher Nesselanbau« wurde gegründet. Der Verzehr oder die Verfütterung von Brennnessel wurde untersagt, die ganze Ernte wurde für die Herstellung von Stoffen eingesetzt. Hierzu vermischte man sie mit Leinen.
- Die Brennnessel ist durch ihre Inhaltsstoffe nicht nur eine wichtige Heilpflanze, sondern auch eine sehr hochwertige Futterpflanze.
- Brennnessel lassen sich wunderbar selbst sammeln und trocknen. Bei Brennnesselbewuchs auf der Weide, jeden Tag einen Teil der Nesseln absensen, denn leicht angewelkt werden sie sehr gerne von den Pferden gefressen.
- Lassen Sie aber bitte einen Teil der Pflanzen stehen, da die Brennnessel für eine Vielzahl von Schmetterlingsarten eine wichtige Nahrungsgrundlage darstellt.
- Früher mischten Pferdehändler die Samen lahmen und alten Pferden unter das Futter, damit diese lahmheitsfrei und vital wirkten.
- Brennnesselsamen gelten als heimisches Superfood. Sie enthalten Vitamine, Mineralien, Proteine und ungesättigte Fettsäuren. Ein Teelöffel pro Tag über das Müsli gegeben, in Speisen gemischt oder aufs Brot gestreut reicht aus. Pferde können zur allgemeinen Stärkung 10 g täglich bekommen.
- Tipp für die Küche: Schmackhaftes Kräutersalz: 15 % getrocknete Samen und 85 % Salz mit dem Stabmixer kurz mischen, fertig.

Brombeere
Rubus fructicosus

Magen, Darm

Rezepturbezeichnung: Rubi fructicosi folium
Stammpflanze: Rubus fructicosus
Familie: Rosengewächse (Rosaceae)
HAB: Rubus fructicosus

Inhaltsstoffe:
Gerbstoffe (Gallotannine, Ellagitannine), Flavonoide, organische Pflanzensäuren (Ascorbinsäure, Bernsteinsäure, Apfelsäure, Zitronensäure), Triterpensäure, Vitamin C

Wirkrichtung:
→ mild zusammenziehend
→ blutreinigend
→ antibakteriell
→ antiviral
→ entzündungshemmend
→ blutstillend (frische Blätter)
→ stopfend

Indikationen
Innerlich (ad usum externum):
Pferd & Mensch:
→ Durchfall

Zubereitung, Anwendung, Darreichungsformen und Dosierung:
Innerlich:
Pferd:
→ 20 g täglich
Mensch:
Infus:
→ Tagesdosis: 4–5 g täglich auf mehrere Gaben verteilt

Altes Wissen & Wissenswertes:
- Brombeerenfunde gehen bis in die jüngere Steinzeit zurück. Brombeer-Sträucher wurden schon damals oft als natürliche Einzäunung für Weiden benutzt.
- Brombeerblätter sind das sanfteste Mittel gegen Durchfall und können bis zu vier Wochen gefüttert werden.
- Brombeerhecken eignen sich sehr gut als Bepflanzung rund um den Stall und die Weide, hierbei kann man je nach Wunsch auch auf eine dornenfreie Züchtung zurückgreifen.

Cayennepfeffer (Chili)

Capsicum

Bewegungsapparat

Rezepturbezeichnung: Capsicum fructus acer
Stammpflanze: Capsicum
HAB: Capsicum

Inhaltsstoffe:

→ Capsaicinoide, Carotinoide, Flavonoide, fettes Öl

Wirkrichtungen:

→ lokal durchblutungsfördernd
→ lokal nervenschädigend
→ lokal schmerzlindernd
→ enzündungshemmend
→ kortisonähnlich
→ juckreizlindernd

Indikationen:

Äußerlich (ad usum externum):

Pferd & Mensch:
→ Muskelschmerzen
→ Muskelverspannungen und -verhärtungen
→ Arthrose
→ Neuralgie

Mensch:
→ Schuppenflechte
→ Juckreiz

Zubereitung, Anwendung, Darreichungsformen und Dosierung:

Äußerlich

Pferd & Mensch:

Fertigpräparate Pferd:
→ Equus Restitutionsfluid

Fertigpräparate Mensch:
→ Capsicum Salben
→ ABC-Pflaster

→ Alle Präparate sollten nicht über längere Zeit angewendet werden, ansonsten kann es zur Nervenschädigung kommen. Höchstens zwei bis vier Tage in hoher Dosierung (Pflaster oder Salbe dick und mehrfach täglich angewendet). Höchstens vier Wochen in geringer Dosierung (dünn aufgetragen, 1-mal täglich angewendet). Am besten aber an derselben Stelle nicht länger als vier Tage anwenden und dann 14 Tage Pause machen.
→ Kontakt mit den Schleimhäuten unbedingt vermeiden

Altes Wissen & Wissenswertes:

- Es wird vermutet, dass Christopher Columbus die Chili von San Salvador nach Europa brachte. Über diesen Weg gelangte sie auch nach Westafrika und Asien. Über Ungarn kam der Cayennepfeffer dann erst spät nach Deutschland und setzte auch hier zum Siegeszug als Gewürz ein. Er war ein begehrter Pfefferersatz, wenn es durch Kontinentalsperren zu Mangel an Pfeffer kam.
- Cayennepfeffer besteht aus gemahlenen Chilis. Es gibt eine Vielzahl von Chilipflanzen in unterschiedlichen Schärfegraden, nur zwei davon sind für die Herstellung von Arzneimitteln zugelassen.
- Die Schärfe von Chili wird in Scoville angegeben, das ist eine Maßeinheit, die den Schärfegrad bestimmt. Ursprünglich wurde der Wert subjektiv per Geschmackstest bestimmt, heute lässt er sich auch nachmessen.
- Diese Schärfe ist wahrscheinlich den meisten schon beim Kochen oder Essen begegnet. Ob nach dem Schneiden von Chili ins Auge gegriffen oder das Brennen in Mund und Speiseröhre bei und nach dem Verzehr der Schoten, Chili lässt uns seine Schärfe spüren.
- Pfefferspray enthält übrigens auch Capsaicinoide (Hauptbestandteil der Schoten) und führt so zu starkem Brennen und Tränen der Augen.

Eibisch

Althaeae officinalis

Atemwege, Magen, Darm, Haut

Rezepturbezeichnung: Althaeae radix
Stammpflanze: Althaeae officinalis
Familie: Malvengewächse (Malvaceae)
HAB: Althaea

Inhaltsstoffe:

Schleimstoffe, Stärke, Mineralien (phosphatreich)

Wirkrichtungen:

→ hustenreizstillend
→ reizmildernd
→ entzündungshemmend
→ Steigerung der Phagozytoseleistung
→ Vagusreizdämpfend (beruhigt den Nervus vagus)
→ schleimhautschützend
→ bildet Schutzfilm auf den Schleimhäuten, schützt so vor Reizeinwirkung

Indikationen:

Innerlich (ad usum Internum):
Pferd & Mensch:
→ Trockener quälender Reizhusten, ohne genug Schleim
→ Katarrhe der oberen Luftwege
→ Schleimhautreizungen
→ Reizung im Mund- und Rachenraum
→ Magen-Darm Entzündungen, die mit Durchfall und Blähungen einhergehen.
→ Vorbeugung Krampfkoliken

Äußerlich (ad usum externum):
Pferd & Mensch:
→ Hautentzündungen
→ entzündete Wunden

Zubereitung, Anwendung, Darreichungsformen und Dosierung:

Innerlich:

Pferd:

Mazerat:

→ 50–100 g täglich, Wurzel oder Wurzelpulver 1–2 Stunden in kaltem Wasser einweichen, dann über das Futter geben.

Mensch:

Mazerat:

→ 6–8 g Wurzel täglich Wurzel oder Wurzelpulver 1–2 Stunden in 300 ml kaltem Wasser einweichen, abseihen und Sud mehrmals täglich Schluckweise trinken.

Fertigpräparat:

→ Phytohustil®

Äußerlich

Pferd & Mensch:

Dekokt:

→ Wundbehandlung 100 g Wurzel oder Wurzelpulver mit 1 l Wasser aufkochen, abseihen und auf die betroffene Stelle auftragen.

Altes Wissen & Wissenswertes:

- Nicht bei gleichzeitiger Medikamenteneinnahme, da der Schleim des Eibischs die Medikamente umhüllt und sie so vom Körper nicht bzw. nur etwas aufgenommen werden können. Es sollte mindestens eine Stunde zwischen der Eibisch- und Medikamentengabe liegen.
- Eibisch ist eine dekorative Pflanze und als Gartenpflanze sehr beliebt. Eibisch eignet sich wunderbar zur Bepflanzung am Stall.
- Eibisch hat ein süßes Geheimnis: Marsh Mallow heißt auf Deutsch »Sumpf Malve« und tatsächlich verwendeten die Franzosen für den Vorgänger des amerikanischen Marshmallows »Pâte de guimauve« Eibischwurzel, geschlagenes Eiweiß und Zucker. Daraus entstand dann der Amerikanische Name für die klebrige Süßigkeit. Heute wird statt Eibisch oder dem Nachfolger Gummi arabicum meist Gelatine verwendet.

Eukalyptusöl

Eucalyptus globulus

Husten, Bewegungsapparat, Parasiten

Rezepturbezeichnung: Eukalypti aetheroleum
Stammpflanze: Eucalyptus globulus
HAB: Eukalyptus

Inhaltsstoffe:

Ätherisches Öl mit 1,8-Cineol, Monoterpenen

Wirkrichtungen:

→ sekretlösend
→ auswurfördernd
→ schwach krampflösend
→ lokal schwach durchblutungsfördernd
→ entzündungshemmend

Indikationen:

Äußerlich (ad usum externum):
→ Husten
→ Arthrose
→ Muskelschmerzen
→ Fliegenabwehr
→ kaputte Hufe, schlechtes Horn

Zusätzliche Indikationen Mensch:
→ Erkältungskrankheiten

Zubereitung, Anwendung, Darreichungsformen und Dosierung:

Äußerlich
Pferd & Mensch:
→ Inhalation
→ mit Trägeröl verdünnt auf den Kehlbereich auftragen (z.B. 20 Tropfen Eukalyptusöl mit 100 ml Olivenöl verdünnen) beim Mensch 5 Tropfen mit 25 ml Trägeröl vermischen
→ für die Hufe mit Lorbeeröl vermischt 15 Tropfen auf 100 ml Lorbeeröl

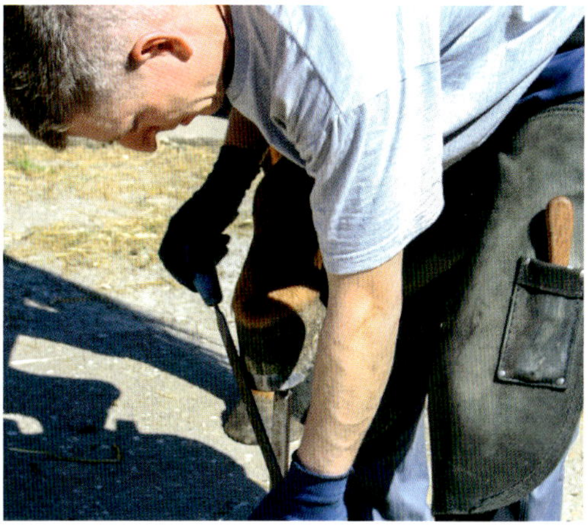

Altes Wissen & Wissenswertes

- Eukalyptus kam mit James Cook in die westliche Welt und ist mittlerweile aus der Heilkunde, aber auch der Lebensmittelindustrie, kaum noch wegzudenken.
- Die Pflanzen benötigen sehr viel Wasser und werden zur Trockenlegung von Feuchtgebieten verwendet. Es wurde versucht, mithilfe von ihnen Brutgebiete der Anophelesmücke einzudämmen, um Malaria-Ausbrüche zu minimieren. Deshalb trägt der Eukalyptus auch den Beinamen Fieberbaum.

Fenchel

Foeniculum vulgare

Atemwege, Magen, Darm

Rezepturbezeichnung: Foeniculi fructus
Stammpflanze: Foeniculum vulgare
Familie: Doldenblütler (Apiaceae)
HAB: Foeniculum

Inhaltsstoffe:

Ätherische Öle, Flavonoide

Wirkrichtungen:

→ krampflösend
→ entblähend
→ mild auswurffördernd
→ sekretlösend
→ mild beruhigen auf Magen-Darm
→ verdauungsfördernd
→ Steigerung der Magen-Darmmotilität
→ appetitanregend
→ antimikrobielle Wirkung
→ milchtreibend
→ wundheilungsfördernd

Indikationen:

Innerlich (ad usum Internum):

Pferd & Mensch:

→ Entzündung der oberen Atemwege
→ Krampfhusten
→ Bronchitis, mit festsitzendem Schleim
→ Kolik und Blähungen
→ Verdauungsbeschwerden

Zubereitung, Anwendung, Darreichungsformen und Dosierung:

Innerlich:

Pferd:

Infus:

→ 10–25 g täglich

Fertigpräparate
- → ColoSan®
- → Derbymed Bronchopulmin®
- → Sekrosan® Liquid

Mensch:
Infus:
Tagesdosis: 5–7 g täglich aufgeteilt auf mehrere Gaben

Nebenwirkungen:
- → Allergie gegen Fenchel
- → Magen-Darmreizung

Altes Wissen & Wissenswertes:

- Bereits tausende Jahre vor Christi Geburt wurde Fenchel in den Hochkulturen, wie etwa in Ägypten, verwendet.
- Als Tee wird er sehr gerne für Babys gegen Blähungen eingesetzt und ist in der Kombination mit Anis und Kümmel noch wirksamer.
- Fenchelsamen sind sehr aromatisch und können auch als Gewürz verwendet werden. Die Knollen des Fenchels sind ein gesundes Gemüse, das, genau wie die Samen, positiv auf den Verdauungstrakt wirkt. Dennoch ist die Wirkung der Samen um ein Vielfaches höher, deshalb werden sie als Heilmittel eingesetzt.
- Der Geschmack ist den Anissamen ähnlich. Damit die ätherischen Öle, die in den Samen enthalten sind, optimal wirken können, sollte man sie – bevor man sie verwendet – mit einem Mörser leicht zerdrücken.

Flohsamen
Plantago psyllium

Magen, Darm

Rezepturbezeichnung: Psyllii semen
Stammpflanze: Plantago ovata oder Plantago psyllium
Familie: Wegerichgewächse (Plantaginaceae)
HAB: keine

Inhaltsstoffe:
Schleimstoffe, neutrale Schleime, fettes Öl,

Wirkrichtungen:
→ Regulation der Darmperistaltik
→ entzündungshemmend
→ reizmildernd
→ lipidsenkend
→ Blutzuckersenkend
→ evt. Antikarzinogen
→ fördert die physiologische Darmflora
→ schützt die Darmflora

Indikationen:
Innerlich (ad usum Internum):
Pferd & Mensch:
→ Durchfall
→ Verstopfung
Pferd:
→ nach Antibiotikagabe oder Wurmkur
→ Kotwasser
→ Sandkoliken
→ EMS
Mensch:
→ Abführungen
→ hoher Cholesterinspiegel
→ begleitend bei Diabetes (in Absprache mit dem Arzt)
→ Morbus Chron
→ Colitis ulcerosa

Zubereitung, Anwendung, Darreichungsformen und Dosierung:

Innerlich:

Pferd:

→ 50–100 g täglich in 1–2 Liter Wasser 30 Minuten quellen lassen, das Pferd muss genügend zu trinken zur Verfügung haben. Die aufgeweichten Schalen können zusätzlich in flüssigem Mash verfüttert werden.

Mensch:

→ 5–10 g auf 100–200 ml Wasser, 1–3 täglich einnehmen und viel dazu trinken, mindestens 250 ml pro Einnahme.
→ langsam an die Dosierung rantasten

Kontraindikationen:

→ gleichzeitige Gabe anderer Medikamente
→ Darmverschluss
→ Akute Entzündungen Magen-Darmtrakt
→ Einnahme von Antidurchfallmedikamenten

Nebenwirkungen:

→ sehr selten Allergien

Altes Wissen & Wissenswertes:

- Flohsamenschalen besitzen eine sehr starke Quellfähigkeit, die nicht unterschätzt werden darf.
- Immer darauf achten, dass die Samen mit ausreichend Wasser eingenommen werden und auch nach der Einnahme noch Wasser zugeführt wird.
- Nicht mit anderen Arzneimitteln oder sonstigen Zusatzfuttermittel füttern. Durch die Schleimstoffe hüllen sie andere Medikamente ein und schleusen sie unter Umständen, ohne dass sie ihre Wirkung entfalten konnten, wieder aus dem Körper aus.
- Flohsamen enthalten Fette, die leicht ranzig werden. Riechen sie deshalb immer mal wieder an den vermahlenen Samen. Wenn sie ranzig riechen, entsorgen Sie die Samen.
- Flohsamen senken nachweislich den Cholesterinspiegel. 10 g täglich senkt den Spiegel um bis zu 10 %.
- Im Gegensatz zu anderen Ballaststoffquellen wie Weizen- oder Haferkleie führen Flohsamenschalen dem Körper kaum Kalorien hinzu, sie sorgen also für keine Gewichtszunahme.
- Die Samen erinnern an kleine Flöhe, was der Pflanze den deutschen Namen Flohsamen eingebracht hat.
- Im Altertum wurden sie für warme und kalte Umschläge verwendet, etwas später wurden sie dann auch bei Gallenleiden und Durchfällen eingesetzt.

Frauenmantel

Alchemilla vulgaris

Geburt, Magen, Darm, Haut

Rezepturbezeichnung: Alchemillae herba
Stammpflanze: Alchemilla vulgaris
Familie: Rosengewächse (Roseaceae)
HAB: Alchemilla vulgaris

Inhaltsstoffe:

Gerbstoffe, Flavonoide, Bitterstoffe, wenig ätherisches Öl

Wirkrichtungen:

→ zusammenziehend
→ blutreinigend
→ juckreizmildernd

Indikationen:

Innerlich (ad usum internum):
Pferd & Mensch:
→ leichte Durchfälle
→ Geburtserleichterung
→ bessere Heilung der Geburtswege
→ Hauterkrankungen
→ Bindegewebsschwäche
Mensch:
→ Menstruationsbeschwerden

Äußerlich (ad usum externum):
Pferd & Mensch:
→ Wunden, eitrige
→ Geschwüre

Zusätzliche Indikationen:
Innerlich (ad usum internum):

Zubereitung, Anwendung, Darreichungsformen und Dosierung:

Innerlich:
Pferd:
→ 30 g täglich
Mensch:
Infus:
Tagesdosis: 5–10 g täglich auf 3 Gaben aufgeteilt

Äußerlich
Pferd & Mensch:
Mazerat:
→ 10 g auf 250 ml Wasser, 24 Stunden ziehen lassen
Tinktur:
→ 1 Teil Tinktur, 5 Teile Wasser

Altes Wissen & Wissenswertes:

- Frauenmantel ist von der Wirkung ein echtes Frauenkraut, um das sich sehr viele alte Geschichten und Mythen ranken.
- Frauenmantel hat eine enge Verbindung zur Weiblichkeit. Die Pflanze ist der germanischen Liebesgöttin Freya zugeordnet, später zu den Zeiten der Christianisierung wurde der Frauenmantel dann der Maria geweiht.
- Sein Name entstand wahrscheinlich durch seine Form, die der Mantelform der damaligen Zeit ähnelte bzw. dem Umhang der Freya (später der Maria).
- Auffällig sind die Tropfen, die nicht, wie man annehmen könnte, Tautropfen sind, sondern von der Pflanze selbst gebildet werden.
- Laut der Alchemisten nimmt der Frauenmantel das Wasser durch die Erde auf, veredelt es und sondert dieses veredelte Wasser wieder ab.
- Alchemilla ist von Alchemisten abgeleitet. Die Alchemisten glaubten mit Hilfe der Tropfen, den Stein der Weisen erschaffen zu können, um mit diesem dann Gold herzustellen.
- Er galt als Wetteranzeiger: Früher galt die Menge der Tropfen auf den Blättern als Wetteranzeiger, viele Tropfen wiesen auf schlechtes Wetter und Unwetter hin. Das ist dadurch zu erklären, dass bei hoher Luftfeuchtigkeit die Bildung der Tropfen gefördert wird und hohe Luftfeuchtigkeit wiederum oft zu Gewittern führt.
- Die jungen frischen Blätter fein geschnitten sind eine wunderbare Zutat für einen Wildkräutersalat. Sie schmecken leicht in Richtung Kohlrabi.

Gänseblümchen
Bellis Perennis

Stoffwechsel, Atemwege, Haut

Rezepturbezeichnung: Bellidis flos
Stammpflanze: Bellis perennis
Familie: Korbblütler (Asteraceae)
HAB: Bellis prennis

Inhaltsstoffe:
Saponine, Bitterstoffe, Gerbstoffe, etwas Ätherisches Öl, Anthoxanthin, Flavonoide

Wirkrichtungen:
→ stoffwechselanregend
→ blutreinigend
→ schleimlösend
→ auswurffördernd

Indikationen
Innerlich (ad usum internum):
Pferd & Mensch:
→ Stoffwechselbeschwerden
→ Ekzem
→ Hauterkrankungen
→ regen die Verdauung an

Äußerlich (ad usum externum):
Pferd & Mensch:
→ Wunden, schlecht heilende
→ Muskelfaserriss
→ Quetschungen
Pferd:
→ Satteldruck

Zubereitung, Anwendung, Darreichungsformen und Dosierung:
Innerlich:
Pferd:
→ 30 g täglich
Mensch:
Infus:
→ 2–5 g täglich auf 1–3 Gaben verteilen

Äußerlich
Pferd & Mensch:
Dekokt:
→ 10 g auf 100 ml Wasser
Tinktur:
→ 1 Teil Wasser, 5 Teile Wasser

Kontraindikation:
→ Trächtigkeit

Altes Wissen & Wissenswertes:
- In England sagt man es ist erst richtig Frühling, wenn man mit einem Fuß auf sieben Gänseblümchen tritt. Ihr englischer Name ist Daisy, was sich vom altenglischen »daegeseage«, »Auge des Tages« ableitet.
- Gänseblümchen gelten als Liebesorakel für das beliebte »Er liebt mich, er liebt mich nicht«-Spiel.
- Gänseblümchen sind nicht nur gesund, sondern auch lecker und roh essbar. Im Salat oder die Knospen als Kapernersatz verwendet, bereichern sie unsere Küche im Frühling.
- Rezept für Gänseblümchen-Kapern: 300 g Gänseblümchenknospen kurz in 500 ml Salzwasser aufkochen, absieben, in ein verschließbares Gefäß geben und mit 400 ml Essig (er muss kochen) übergießen. Das Gefäß verschließen und das Ganze vier bis fünf Tage ziehen lassen. Dann können die Gänseblümchenknospen genau wie Kapern verwendet werden.

Gänsefingerkraut
Potentilla anserina

Magen, Darm, Haut

Rezepturbezeichnung: Potentillae anserine herba
Stammpflanze: Potentilla anserina
Familie: Rosengewächse (Rosaceae)
HAB: Potentilla anserina

Inhaltsstoffe:
Gerbstoffe (hoher Gehalt), Bitterstoffe, Flavonoide (Anthozyane)

Wirkrichtungen:
→ zusammenziehend
→ krampflösend
→ leicht stopfend

Indikationen:
Innerlich (ad usum Internum):
Pferd & Mensch:
→ unspezifischer Durchfall, vor allem mit leichten Krämpfen
→ Entzündungen der Mund- und Rachen-schleimhaut
Mensch:
→ Menstruationskrämpfe
→ Magenkrämpfe
→ Migräne
→ Wadenkrämpfe (auch äußerlich)
Äußerlich (ad usum externum):
Pferd & Mensch:
→ bei entzündlichen Prozessen der Haut und Verletzungen.

Zubereitung, Anwendung, Darreichungsformen und Dosierung:
Innerlich:
Pferd:
→ 20–40 g täglich
Mensch:
→ Tagesdosis 4–6 g auf 3–4 Gaben aufgeteilt
→ gerne mit Milch zubereitet
Äußerlich
Pferd & Mensch:
Infus:
→ Spülungen und Umschläge, 20 g auf 150 ml heißes Wasser.

Kontraindikation:
→ Reizmagen

Altes Wissen & Wissenswertes:
- Seinen Namen hat das Gänsefingerkraut, weil es laut alten Überlieferungen das einzige Kraut ist was auf einer Gänseweide den Gänsefüßen standhält.
- Es wird auch Silberkraut genannt, weil es eine leicht silbrige Unterseite besitzt.
- Gänsefingerkraut wirkt stark krampflösend und wird deshalb auch als Krampfkraut bezeichnet, es ist sehr verträglich und wirkt sanft.
- In der Kombination mit Milch wirkt es noch besser. Kochen Sie 2 g Gänsefingerkraut mit 200 ml Milch auf, 10 Minuten ziehen lassen, abseihen und mit Honig süßen. Diese Mischung können Sie bis zu dreimal täglich zubereiten.

Ginkgo biloba

Ginkgo biloba

Gefäßsystem

Rezepturbezeichnung: Ginkgo bilobae folium
Stammpflanze: Ginkgo biloba
Familie: Ginkgogewächse (Ginkgoaceae)
HAB: Ginkgo biloba

Inhaltsstoffe:

Flavonoide, Pflanzensäure, Anthocyane

Wirkrichtungen:

→ gefäßerweiternd
→ durchblutungsfördernd
→ membranstabilisierend
→ Senkung der Blutviskosität = Abnahme erhöhter Fibrinogenwerte, Hemmungen der Thrombozytenaggregation
→ Radikalfänger

Indikationen:

Innerlich (ad usum Internum):

Pferd & Mensch:
→ Durchblutungsstörungen
→ Hirnleistungsstörungen: Konzentrationsstörungen
→ Herzbeschwerden

Pferd:
→ Hufrehe
→ Hufrollenentzündung
→ bei alten Pferden zur Unterstützung der Durchblutung

Mensch:
→ Schwindel
→ Kopfschmerzen
→ Tinnitus
→ Demenz
→ Hörsturz
→ arterielle Verschlusskrankheiten

Zubereitung, Anwendung, Darreichungsformen und Dosierung:

Innerlich:

Pferd:

→ Urtinktur:
→ 2–3 x täglich 15 Tropfen
→ beim Tierarzt um eine Umwidmung bitten

Mensch:

Fertigpräparate:

→ Je nach Diagnose 120–240 mg Trockenextrakt, Dosierung mit dem Apotheker, Arzt oder Heilpraktiker abstimmen.
→ Fertigpräparate aus der Apotheke, keine minderwertigen aus Drogerien und Co. dort können Stoffe enthalten sein, die mehr schaden als nutzen.

Nebenwirkungen:

→ selten leichte Magen-Darmreizungen
→ Kopfschmerzen bei einer Unverträglichkeit gegen Ginkgo
→ allergische Hautreaktionen

Altes Wissen & Wissenswertes:

- Der Ursprung des Ginkgobaums liegt in Japan und China. Im 18. Jahrhundert kam er dann auch nach Europa. Goethe widmete dem Baum mit den ganz besonderen Blättern ein Gedicht und Darwin nannte ihn ein »lebendes Fossil«.
- Ihn gibt es schon seit über 250 Millionen Jahren und so gilt er als der älteste Baum der Welt.
- Der Ginkgobaum ist sehr langlebig. Er kann bis zu 1000 Jahre alt werden und bis zu 40 Meter hoch. Er wird erst im Alter von 30–40 Jahren geschlechtsreif.
- Einer der bekanntesten Ginkgobäume ist der Baum in Hiroshima/Japan. Er überlebte dort die Atombombe, die nur etwa 800 m von ihm entfernt einschlug. Aus dem verkohlten Stumpf des Baumes, in einem Gebiet völliger Verwüstung, spross im Frühling 1946 ein kleiner Trieb, aus dem mittlerweile ein großer Baum geworden ist – ein Baum der Hoffnung, des Überlebens und des Friedens.
- Der auch Welten- oder Tempelbaum genannte Ginkgo wurde schon von den alten Mönchen als Sinnbild für langes Leben verehrt.
- Eine dauerhafte Einnahme ist möglich und vor allem bei Hufrehepatienten und alten Pferden zu empfehlen.
- Ginkgo ist eine der wichtigsten Heilpflanzen. Er steigert die Durchblutung und hilft bei einer Vielzahl von Erkrankungen. Es gibt sehr viele positive Studien am Menschen, die seine Wirkung belegen.

Goldrute

Solidago virgaurea

Harnwege, Niere, Bewegungsapparat, Haut

Rezepturbezeichnung: Solidaginis herba
Stammpflanze: Solidago virgaurea
Familie: Korbblütler (Asteraceae)
HAB: Solidago virgaurea oder Solidaginis

Inhaltsstoffe:

Saponine (mehr als 30), Gerbstoffe, ätherisches Öl, Flavonoide, Pflanzensäuren (u.a. Salicylsäure, Kaffeesäure)

Wirkrichtungen:

→ harntreibend
→ schwach krampflösend
→ entzündungshemmend
→ blutreinigend
→ immunmodulierend
→ gegen Mikroorganismen

Indikationen:

Innerlich (ad usum Internum):

Pferd & Mensch:

→ Durchspülungstherapie
→ leichte Niereninsuffizienz
→ akute Entzündung der Niere, Blase und der ableitenden Harnwege
→ rezidivierende Nieren- oder Blasenentzündung.
→ Arthrose, Arthritis
→ Nierengrieß und somit auch Prophylaxe von Nierensteinen
→ Hauterkrankungen
→ Langzeitanwendung bei Harnwegserkrankungen
→ bakterielle Harnwegsinfekte (begleitend zum Antibiotikum)

Zubereitung, Anwendung, Darreichungsformen und Dosierung:

Innerlich:

Pferd:

→ 20–30 g/täglich
→ ausreichende Flüssigkeitszufuhr
→ Urtinktur, 2–3 x täglich 15–30 Tropfen (Umwidmung Tierarzt)

Mensch:

→ Tagesdosis 6–12 g oder 1200–1800 mg Trockenextrakt als Fertigpräparate, auf drei Gaben aufteilen
→ ausreichende Flüssigkeitszufuhr

Fertigpräparate:

→ Solidacur® 600 mg
→ Solidago Steiner®
→ weitere in der Apotheke erfragen

Kontraindikationen:

→ Ödeme (Herzinsuffizienz)
→ nicht bei starker Niereninsuffizienz

Kanadische Goldrute

Altes Wissen & Wissenswertes:

- Die Goldrute wurde von jeher als Mittel bei Blasenproblemen und als Wundkraut verwendet.
- Martin Luther wendete sie auch noch gegen weitere Gebrechen wie etwa lockere Zähne und Geschwüren an.
- Die kanadische Goldrute ist eine beliebte Pflanze bei Autobahnmeistereien und enthalten in den meisten Mischungen, die an Straßenrändern ausgesät werden. Mittlerweile ist die Kanadische Goldrute mehr anzutreffen als die heimische. Ihre Heilwirkung ist allerdings nicht so hoch wie die der Gemeinen Goldrute.
- Bei den indigenen Völkern Amerikas wurde sie gegen Schlangenbisse angewendet, was ihr den Namen Klapperschlangenkraut bescherte.
- Im Mittelalter wurde sie als Färbepflanze verwendet, sie verleiht Stoffen ein zartes Gelb.
- Sie ist das Nieren- und Blasenmittel der ersten Wahl.

Hagebutte/Heckenrose

Rosa canina

Immunsystem, Bewegungsapparat

Rezepturbezeichnung: Cynosbati fructus cum semine
Stammpflanze: Rosa canina
Familie: Rosengewächse (Rosaceae)
HAB: Rosa canina

Inhaltsstoffe:

Vitamin C, andere Vitamine, Mineralstoffe, Fruchtsäuren, Flavonoide, Gerbstoffe

Wirkrichtungen:

→ abwehrsteigernd
→ alle positiven Wirkungen von Vitamin C
→ entzündungshemmend
→ schmerzlindernd

Indikationen:

Innerlich (ad usum internum):
Pferd & Mensch:
→ Immunsystem stärkend
→ Frühjahrskur
→ Infekte aller Art
→ Rekonvaleszenzzeit
→ Arthrose
→ Arthritis
→ Allergien
→ Knochenhautentzündung
→ chronische Schmerzen

Pferd:
→ Hufrollenentzündung
Mensch:
→ Krampfadern
→ grippale Infekte

Zubereitung, Anwendung, Darreichungsformen und Dosierung:

Innerlich:
Pferd:
→ 20 g Hagebuttenschalen täglich
bei Arthrose, Arthritis, Schmerzen und Co.:
→ je 100 kg Körpergewicht 5–7 g Hagebuttenpulver täglich
Mensch:
Infus:
→ Tagesdosis 2–6 g Hagebuttenschalen, auf mehrere Gaben aufteilen
bei Arthrose, Arthritis, Schmerzen und Co.:
→ Tagesdosis 10 g Pulver auf 3–4 Gaben aufteilen

Nebenwirkungen:

→ allergische Hautreaktionen, bei Dauergebrauch möglich

Altes Wissen & Wissenswertes:

- Die Hagebutte wird auch als Hundsrose bezeichnet, diesen Namen erhielt sie wohl, weil sie früher als das Heilmittel bei Hundebissen oder Tollwut galt.
- Hagebutten dienten schon in frühen Zeiten, lange bevor Zitrusfrüchte nach Nordeuropa kamen, als ein wichtiger Vitamin-C-Spender. Sie enthalten 400–3000 mg/100 g Vitamin C.
- Die Borsten innerhalb der Hagebutte sind dem ein oder anderen sicherlich aus seiner Kindheit als Juckpulver bekannt, da die feinen Härchen bei Hautkontakt Juckreiz auslösen.
- Der beste Erntezeitpunkt ist im Oktober.
- Es gibt verschiedene Möglichkeiten, Hagebutten zu trocknen:
  Backofen: 40–60 Grad, 8–12 Stunden, einen Kochlöffel in die Ofenklappe klemmen, damit die Feuchtigkeit entweichen kann. Ist sehr energieaufwändig.
  Dörrautomat: bei 40 Grad, 8–12 Stunden.
  Heizung: Hagebutten für einige Tage auf die Heizung legen. Das setzt allerdings voraus, dass die Heizung ordentlich heizt, was zum Erntezeitpunkt im Oktober nicht immer der Fall ist.
  Sonne: Bei warmem Wetter können die Früchte auch an der Sonne getrocknet werden. Abends sollten die Früchte ins Haus gebracht werden, sonst nehmen sie die Nachtfeuchte wieder auf.
- Eine Studie der Universität Freiburg ergab, dass das Hagebuttenpulver bei Arthrose und Arthritis beim Menschen sehr wirksam ist. Es lindert durch verschiedene Mechanismen die Entzündung und verringert dadurch Knorpelschäden und Schmerzen.
- Drei bis vier Hagebutten decken beim Menschen den täglichen Vitamin-C-Bedarf. Pferde können, im Gegensatz zu Menschen Vitamin C selbst synthetisieren. In für den Körper anstrengenden Zeiten, wie etwa dem Fellwechsel oder bei Erkrankungen, kann zugeführtes Vitamin C sehr hilfreich für den Pferdekörper sein.
- Hagebutten, die nicht geerntet wurden, dienen im Winter den Vögeln als Futter.
- Frische und getrocknete Hagebutten sind für Pferde sehr schmackhaft und können so als gesunder Leckerli-Ersatz genutzt werden.

Heublumen
Graminis flos

Bewegungsapparat

Rezepturbezeichnung: Graminis flos
Stammpflanze: Graminis flos
Familie: Wiesengräser (Poaceae)

Inhaltsstoffe:
Unterschiedlich je nach Erntestandort, Cumarine, ätherische Öle, Gerbstoffe.

Wirkrichtungen:
→ lokal stark durchblutend
→ entzündungshemmend
→ schmerzlindernd

Indikationen:
Äußerlich (ad usum externum):
Pferd & Mensch:
→ Arthrose
→ Arthritis
→ Muskelverspannungen, Muskelhartspann
→ Blutergüsse
Pferd:
→ Kreuzverschlag
Mensch:
→ Rheuma
→ Hexenschuss

Zubereitung, Anwendung, Darreichungsformen und Dosierung:
Äußerlich
Pferd & Mensch:
Heublumensack**:**
→ Sack aus Leinen mit Heublumen füllen, mit siedendem Wasser übergießen, 15 Minuten abgedeckt ziehen lassen. Der Sack sollte 42 Grad haben! Eine Stunde auf der betroffenen Stelle liegen lassen.
Umschläge:
→ 100 g auf 1 Liter, aufkochen, 15 Minuten abgedeckt ziehen lassen, dann in dem Sud eine Bandagierunterlage tränken, an der betroffenen Stelle mit einer Bandage befestigen und eine Stunde dort belassen.
Fertigpräparate**:**
→ Heublumensäcke gibt es schon fertig in der Apotheke zu kaufen

Kontraindikationen:
→ Pollenallergie
→ offene Wunden
→ akute Entzündungen

Altes Wissen und Wissenswertes:
- Heublumenbäder haben in der Volksmedizin eine lange Tradition. Besonders bekannt wurden sie durch Sebastian Kneipp, der Bäder, Wickel, Säcke und sogar Hemden mit den Blumen anwendete.
- Die Inhaltsstoffe der Heublumen variieren je nach Zusammensetzung.
- Die Verwendung von Fertigpräparaten ist zu empfehlen, da diese eine geringe bis keine Belastung mit Milben und Toxinen aufweisen.

Himbeere
Rubus idaeus

Gynäkologie

Rezepturbezeichnung: Rubi idaei folium
Stammpflanze: Rubus idaeus
Familie: Rosengewächse (Rosaceae)

Inhaltsstoffe:
Gerbstoffe, Flavonoide, Schleimstoffe, organische Pflanzensäuren, Vitamin A, B, C und E, Mineralien

Wirkrichtungen:
→ mild zusammenziehend
→ blutreinigend
→ anregend
→ wehenfördernd
→ leicht stopfend

Indikationen:
Innerlich (ad usum externum):
Pferd & Mensch:
→ Geburtserleichterung
→ Anregung der Wehen
→ Erleichterung des Abgangs der Nachgeburt
→ Gebärmutter wird gestärkt
→ leichte Durchfälle
Mensch:
→ Menstruationsschmerzen

Zubereitung, Anwendung, Darreichungsformen und Dosierung:
Innerlich:
Pferd:
→ 50 g getrocknete Blätter täglich
Mensch:
→ Tagesdosis 2 g, auf 2–3 Gaben aufteilen

Nebenwirkungen:
→ Frühgeburt bei zu früher Einnahme

Altes Wissen & Wissenswertes:
- Mit der Himbeerblättergabe sollte erst vier Wochen vor Geburt begonnen werden und bis eine Woche nach der Geburt fortgesetzt werden.
- Die Beeren enthalten mehr Vitamin C als die Blätter.
- In der Volksheilkunde werden Himbeerblätter schon sehr lange zur Geburtsvorbereitung und Nachsorge verwendet.

Hopfen
Humulus lupulus

Nervensystem

Rezepturbezeichnung: Lupuli strobulus
Stammpflanze: Humulus lupulus
Familie: Hanfgewächse (Cannabacea)
HAB: Lupulus

Inhaltsstoffe:

→ Bittersäuren, Flavonoide, Aromastoffe, Gerbstoffe, Harz, Bitterstoffe

Wirkrichtungen:

→ allgemein beruhigend
→ krampflösend
→ appetitanregend
→ allgemein kräftigend bei körperlicher Schwäche
→ leichte östrogene Wirkung
→ entzündungshemmend
→ wundheilungsfördernd
→ gegen Bakterien
→ gegen Pilze
→ verdauungsfördernd
→ schwach antibiotisch

Indikationen:

Innerlich (ad usum internum):

Pferd & Mensch:
→ Unruhe
→ Appetitlosigkeit
→ nervös bedingte Magen-Darmbeschwerden
→ Blähungen
→ Verdauungsstörungen

Pferd:
→ Störung der Rosse
→ Hengstverhalten bei Wallachen

Mensch:
→ Reizblase
→ Angstzustände
→ Wechseljahrbeschwerden
→ Menstruationskrämpfe

Zubereitung, Anwendung, Darreichungsformen und Dosierung:

Innerlich:

Pferd:

→ 25–50 g täglich

Mensch:

Infus:

→ Tagesdosis 0,5–1,5 g auf 1–3 Gaben verteilt, am besten zu den Mahlzeiten

→ 0,5 g mit 150 ml Wasser überbrühen, 7 Minuten abgedeckt ziehen lassen.

Fertigpräparate:

→ Apotheke oft in Kombination mit Baldrian

Kontraindikationen:

→ Stillzeit und Schwangerschaft

Nebenwirkungen:

→ beim Pflücken kann es zu Hautreizungen, Kopfschmerzen und Schläfrigkeit kommen

Altes Wissen & Wissenswertes:

- Hopfen wird seit etwa dem 9. Jahrhundert, ursprünglich von Mönchen, zum Bierbrauen verwendet. Hopfen schmeckt leicht bitter und verleiht dem Bier seinen herben Geschmack. Aber Achtung: nur die weiblichen Blüten enthalten die für das Bierbrauen benötigten Bittermittel.
- Hopfen wurde von Mönchen als Kultur- und Heilpflanze angebaut, da ihm nachgesagt wurde, den sexuellen Trieb von Männern zu senken. Es wird vermutet, dass die Mönche ihn dafür genutzt haben. Heute weiß man, dass Hopfen östrogenartige Inhaltsstoffe besitzt, die tatsächlich den männlichen Sexualtrieb senken.
- Das Hanfgewächs entfaltet seine beruhigende Wirkung besonders gut in Kombination mit Baldrian.
- In einer Studie mit Masthähnchen wurde Hopfenmehlkonzentrat dem Futter beigemischt, es zeigte sich, dass es sich als Antibiotikaersatz eignet, da es zu signifikant weniger Infektionskrankheiten kam.

Ingwer

Zingiber officinale

Bewegungsapparat, Magen, Darm

Rezepturbezeichnung: Zingiberis rhizoma
Stammpflanze: Zingiber officinale
Familie: Ingwergewächse (Zingiberaceae)

Inhaltsstoffe:

Ätherisches Öl, Scharfstoffe (Gingerol), Bitterstoffe

Wirkrichtungen:

→ steigert Speichel-, Magen- und Galleausschüttung
→ appetitanregend
→ erwärmend
→ keimtötend
→ durchblutungsfördernd
→ entzündungshemmend
→ schmerzlindernd
→ angstlösend

Indikationen:

Innerlich (ad usum externum):

Pferd & Mensch:

→ Arthrose, alle Formen
→ Arthritis
→ Gelenkschmerzen
→ Weichteilschmerzen und Entzündungen (Sehnen, Muskeln, Bänder)
→ Überbeine
→ Verkalkungen
→ Durchfall
→ Blähungen
→ Appetitlosigkeit

Pferd:

→ Schale
→ Spat
→ Hufrollenentzündung
→ Hornsäulen
→ Hufrehe

→ Kotwasser
→ Rosse fördernd
→ Wurmbefall

Mensch:
→ Übelkeit
→ Reisekrankheit
→ Magenverstimmungen
→ Fettstoffwechselstörungen

Zubereitung, Anwendung, Darreichungsformen und Dosierung:

Innerlich:

Pferd:

Ingwerwurzelpulver:
→ 1–3 g pro 100 kg Körpergewicht
→ Ingwer ist für viele Pferde wegen des starken Geruches sehr gewöhnungsbedürftig, deshalb sollte die Fütterung mit wenigen Gramm pro Tag (2–3 g) begonnen werden und langsam bis zur Enddosis gesteigert werden.
→ Am besten gibt man den Ingwer in aufgeweichte Heucobs oder in angefeuchtetes Müsli.
→ Bei chronischen Erkrankungen ist eine Dauergabe möglich, ansonsten ist eine kurweise Anwendung von 4–8 Wochen anzuraten.

Mensch:

Frischer Ingwer:
Tagesdosis: 2–4 g täglich, am besten frisch gerieben mit Wasser übergossen, abgedeckt 7 Minuten ziehen lassen.

Nebenwirkungen:

→ selten kommt es bei Dauergabe zu Koliken

Kontraindikationen:

→ Magen-Darm empfindliche Pferde
→ starke Niereninsuffizienz
→ Gallensteine
→ Schwangerschaft

Altes Wissen & Wissenswertes:

- Ingwer wird in China bereits seit Jahrtausenden angebaut und in der Küche und auch medizinisch genutzt. In der TCM (traditionelle chinesische Medizin) nimmt er einen hohen Stellenwert ein.
- Es ranken sich viele Mythen um die erwärmende Wurzelknolle. Sie galt unter anderem als Aphrodisiakum und wurde in den Märchen aus 1001 Nacht erwähnt.
- Ingwer wird zurzeit intensiv in verschiedenen Bereichen erforscht, unter anderem weil sein chemischer Aufbau Acetylsalicylsäure (Wirkstoff Aspirin®) gleicht und hier Potential liegen kann. Es gilt als erwiesen, dass bereits eine tägliche Einnahme von fünf Gramm frischem Ingwer die Anfälligkeit für Thrombosen und Schlaganfälle beim Menschen senkt.
- Ingwer ist eine gesunde tolle Knolle, die Sie gerne und oft in der Küche nutzen sollten. In der Gewürzmischung Curry ist Ingwer ein wichtiger Bestandteil.
- Der Gingerolanteil des Ingwerpulvers sollte 2–4 % betragen. Keine Ingwerextrakte füttern, reine Gingerole reizen den Verdauungstrakt.
- Mehr zum Thema Ingwer und seiner Dosierung bei verschiedensten Erkrankungen finden Sie im Internet unter www.pferdeglueck.de oder im Buch von Dr. Stefan Brosig: Ingwer, Meerrettich und Süßholz in der Pferdefütterung: Nahrungsmittel als wirksame Medizin.

Johanniskrautöl

Hypericum perforatum

Haut, Bewegungsapparat

Rezepturbezeichnung: Hyperici herba / Hyperici oleum
Stammpflanze: Hypericum perforatum
HAB: Hypericum

Inhaltsstoffe:

Hypericine, Flavonoide, ätherisches Öl

Wirkrichtungen:

- → schmerzlindernd
- → hautberuhigend
- → entzündungshemmend

Indikationen Pferd und Mensch:

Äußerlich (ad usum externum):

- → Muskelschmerzen
- → Gelenkschmerzen
- → Nervenschmerzen
- → Sonnenbrand
- → entzündetes, trockenes Ekzem

Zubereitung, Anwendung, Darreichungsformen und Dosierung:

Äußerlich

Pferd &Mensch:

Öl:

- → pur, da kein ätherisches Öl
- → Mullkompresse mit Öl auf betroffene Stelle, nach 8–10 Stunde wechseln

Fertigpräparate Pferd:
→ Vulnoplant®

Fertigpräparate Mensch:
→ Bedan® Creme und Lotion:
→ sehr gut, da frei von Hypericin (keine erhöhte Lichtempfindlichkeit)
→ Befelka Öl®

Nebenwirkungen:
→ macht photosensibel (Sonnenbrand etc.)
→ Hautflecken

Altes Wissen und Wissenswertes:

- Innerlich kann Johanniskraut bei Pferden nicht angewendet werden. Beim Menschen stellt es eine sehr wichtige Heilpflanze im Bereich der psychischen Erkrankungen dar.
- Johanniskrautöl wird auch Rotöl genannt, da sich bei Zerreiben der Blüten zwischen den Fingern, diese durch den austretenden Pflanzensaft rot färben. Blüten eingelegt in Öl färben das Öl durch den austretenden Saft ebenfalls rot.
- Wenn man ganz genau hinsieht, erkennt man auch kleine rote Tupfen und Perforationen auf den Blüten. Diese sollen laut Legende dadurch entstanden sein, da der Teufel so wütend auf die Pflanze war, dass er sie mit tausenden Nadelstichen durchlöcherte.
- Seine Wut auf die Pflanze entstand, da sie auf die Psyche wirkt. Sie wird aus diesem Grund auch Teufelsflucht, Teufelsbanner oder Jagdteufel genannt. Sie galt als Dämonenvertreiber.
- Später entdeckte man die Heilkraft ihres Öles bei Haut-, Nerven- und Muskelerkrankungen.
- Es empfiehlt sich, Fertigpräparate zu wählen, in denen der Wirkstoff, der photosensibel macht, nicht vorhanden ist.

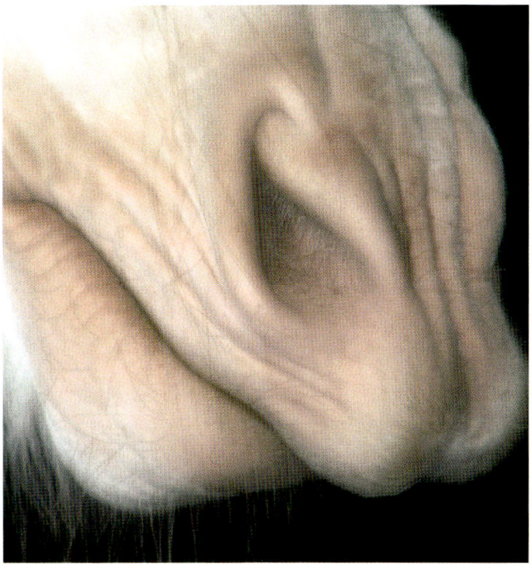

Kamille
Matricaria recutia

Magen, Darm, Haut, Nervensystem

Rezepturbezeichnung: Matricariae flores (Kamillenblüten)
Stammpflanze: Matricaria recutia
Familie: Korbblütler (Asteraceae)
HAB: Chamomilla

Inhaltsstoffe:
Ätherische Öle, Flavonoide, Cumarine, Schleimstoffe

Wirkrichtungen:
- → entzündungshemmend
- → krampflösend
- → bakterienabtötend
- → pilzabtötend
- → entblähend
- → beruhigend
- → wundheilungsfördernd
- → analgetisch
- → gefäßerweiternd
- → anregend für den Hautstoffwechsel

Indikationen:
Innerlich (ad usum internum):

Pferd & Mensch:
- → Gastritis akut und chronisch
- → Geschwüre (Magen und Dünndarm)
- → Darmentzündungen
- → Entzündungen im Mund/Rachenraum und der oberen Luftwege.
- → Unruhe, Nervosität
- → Hautprobleme (Ekzem etc.)

Pferd:
- → Stresskoliken (akut und Prophylaxe)
- → Koliken

Mensch:
- → Entzündung der Nebenhöhlen
- → Einschlafprobleme
- → Reizmagen

Äußerlich (ad usum externum):

Pferd & Mensch:
- → Hautverletzungen (Fissuren)
- → Euter- bzw. Brustentzündungen
- → Scheidenentzündungen

→ Zahn- und Maulentzündungen
→ Ekzem, nässend, entzündet
→ Wunden, entzündete und infizierte

Zubereitung, Anwendung, Darreichungsformen und Dosierung:

Innerlich:
Pferd:
Infus:
→ 25–50 g täglich
Fertigpräparat:
→ Sekrosan® Liquid
Mensch:
Infus:
Tagesdosis: 9–12 g auf 3–4 Gaben aufteilen

Äußerlich
Pferd & Mensch:
Infus:
→ 20 g Blüten auf 0,5l Wasser
Öl:
→ pur
Tinktur:
→ 1 : 8 mit Wasser verdünnen
Fertigpräparate Pferd:
→ Percutin®-Paste
→ Phlogasept®
→ Vulnoplant®
Fertigpräparate Mensch:
→ Befelka Öl®
→ Kamillosan®-Konzentrat-Lösung

Nebenwirkungen:

→ Allergische Reaktionen

Altes Wissen & Wissenswertes:

- Die Kamille ist eine der ältesten bekannten Heilpflanzen. Schon im alten Ägypten wurde sie zu Heilzwecken verwendet.
- Wahrscheinlich wurde sie bei den Germanen aufgrund ihres strahlenden, sonnigen Aussehens dem Lichtgott Baldur geweiht und bei den Ägyptern dem Sonnengott.
- In Deutschland angebaute Kamille besitzt einen sehr hohen Anteil ätherischer Öle, deshalb sollte ein Kauf einheimischer Blüten bevorzugt werden.
- Da die Kamille eine der am häufigsten allergieauslösenden Pflanzen ist, darf sie niemals zur Augenbehandlung verwendet werden! Denn bei einer bestehenden Kamillenallergie kann es so schlimmstenfalls zu einer Netzhautablösung und anschließenden Blindheit kommen.
- Es gibt viele Studien am Menschen, die ihre Wirksamkeit, gerade bei Erkrankungen im Magen-Darmtrakt, belegen. Eine Studie von 2002 kam sogar zu der Erkenntnis, dass Kamille das Bakterium Helicobacter Pylori hemmt, das wiederum Magengeschwüre verursacht.
- Inhalieren mit Kamille hilft bei Schnupfen und Stirnhöhlenentzündungen: 20 g Blüten mit 400 ml heißem Wasser übergießen, abdecken, etwas abkühlen lassen und dann zum Inhalieren verwenden.
- Kamille lässt sich auch wunderbar selbst sammeln und trocknen. Um sie nicht mit ihren weniger wirksamen Verwandten zu verwechseln, einfach die Blütenköpfe aufschneiden. Ist der Fruchtkörper hohl, handelt es sich um die »echte Kamille«.

Kapuzinerkresse

Tropaeolum majus

Immunsystem, Atemwege, Harnwege, Haut

Rezepturbezeichnung: Tropaeoli herba
Stammpflanze: Tropaeolum majus
Familie: Kapuzinerkressengewächse (Tropaeolaceae)

Inhaltsstoffe:

Senfglukoside (= Benzylsenföl, Benzylisothiozyanat) mit antibiotischer Wirkung, Pflanzensäuren (Ascorbinsäure), Vitamin C, Eisen

Wirkrichtungen:

→ antibiotisch
→ immunmodulierend
→ pilzabtötend

Indikationen:

Innerlich (ad usum Internum):
Pferd & Mensch:
→ Infektionskrankheiten, besonders Bereich der Atemwege, Nieren, ableitenden Harnwege
→ chronischer Husten
→ allergischer Husten
→ allgemeine Immunschwäche
→ schlecht heilende Wunden
→ Pilzinfektionen
→ Allergie
Mensch:
→ grippaler Infekt
→ Schnupfen
→ Mandelentzündung

Zubereitung, Anwendung, Darreichungsformen und Dosierung:

Innerlich:
Pferd:
→ 15–20 g täglich, nicht länger als 4 Wochen
Mensch:
Fertigpräparat:
→ Angocin Anti Infekt N (Kombination mit Meerrettich)
→ Nephroselect® M Liquidum (mit Birke, Schachtelhalm, Hauhechel, Goldrute und Meerrettich)

Nebenwirkungen:

→ Magen-Darm- und/oder Nierenreizung (nur bei größeren Mengen)

Kontraindikationen:

→ Fohlen
→ Magen-Darmgeschwüre
→ Nierenerkrankungen

Altes Wissen & Wissenswertes:

- Stammt aus Peru und kam im 16. Jahrhundert durch holländische Händler nach Europa. Die Kapuzinerkresse verbreitete sich rasch erst in den Kloster- und später dann auch in den Bauerngärten.
- In ihrer Heimat wurde sie von den indigenen Völkern bei infizierten Wunden angewendet.
- Ihren Namen bekam sie wahrscheinlich, weil sie in den Klostergärten der Kapuzinermönche angebaut wurde und ihre gelben oder orangenen Blüten an die Kapuzen der Mönche erinnerten.
- Die Kapuzinerkresse wurde in früheren Zeiten schon als Bauernantibiotikum bezeichnet.
- Sie eignet sich wunderbar als Gartenpflanze und schmeck etwas stärker als die Brunnenkresse. Kapuzinerkresse kann wunderbar zur Verfeinerung von diversen Speisen verwendet werden. Ein bis zwei frische Blätter oder Blüten pro Tag stärken außerdem das Immunsystem und schützen so vor Infekten.
- In der Küche ist sie vielseitig einsetzbar: als Bestandteil von Kräuterquark, zur Dekoration von Speisen oder die Knospen als Kapernersatz (Rezept siehe Gänseblümchen, Seite 84).

Klebkraut/ Echtes Labkraut

Galium aparine/verum

Lymphsystem, Haut, Stoffwechsel

Rezepturbezeichnung: Gali aparinis herba, Galii vera herba
Stammpflanze: Galium aparine (Klebkraut) Galium verum (Labkraut)
Familie: Rötegewächse (Rubiaceae)
HAB: Galium aparine, Galium verum

Inhaltsstoffe:

Ätherisches Öl, Kieselsäure, Gerbstoffe, org. Säuren, Flavonoide, Farbstoff

Wirkrichtungen:

- → entzündungshemmend
- → harntreibend
- → wundheilend
- → blutreinigend
- → drüsenanregend
- → entschlackend

Indikationen

Innerlich (ad usum internum):

Pferd & Mensch:

- → Schwellung der Beine (Stauungsödeme)
- → Lymphstau
- → vergrößerte Lymphknoten
- → Hauterkrankungen
- → Ekzem
- → Harnwegs- und Nierenerkrankungen
- → begleitend bei Krebserkrankungen
- → Stoffwechsel anregend

Pferd:

- → Hufrehe

Äußerlich (ad usum externum):

Pferd & Mensch:

- → Geschwüre
- → begleitend bei Hautkrebs und Sarkoid
- → blutstillend bei frischen Wunden

Zubereitung, Anwendung, Darreichungsformen und Dosierung:

Innerlich:

Pferd:

→ 30 g täglich

Mensch:

Mazerationsdekokt:
Tagedosis: 2–5 g auf 2–3-mal verteilt

Äußerlich

Pferd & Mensch:

Mazerationsdekokt:

→ 20 g auf 200 ml Wasser, 24 Stunden ziehen lassen, dann kurz aufkochen

Altes Wissen & Wissenswertes:

- Klebkraut und echtes Labkraut unterscheiden sich kaum, ihre Wirkungen und Indikationen sind fast identisch. Beides sind unbeliebte Ackerunkräuter und als Zeigerpflanzen für stickstoffhaltige Böden bekannt.
- Beide Arten sind wichtige Pflanzen für die Raupen verschiedenster Schmetterlings- und Falterarten, sie dienen ihnen als wertvolle Nahrungsquelle.
- Echtes Labkraut riecht stark nach Honig, bei drohendem Gewitter besonders intensiv, es ist also eine biologische Wetterstation.
- Das Labkraut ist der germanischen Liebesgöttin Freya geweiht, es wurde Schwangeren zur Erleichterung der Geburt gegeben.
- Später nach der Christianisierung wurde es Maria zugeordnet und war angeblich Bestandteil der Wiegenkräuter des Jesus-Kindes.
- Labkraut wurde früher zur Käseherstellung verwendet, statt dem aus Kälbermagen gewonnenen Lab, und verlieh dem Chesterkäse seine typische Farbe. Heutzutage übernehmen Mikroorganismen diesen Job.
- Zum Rotfärben von Stoffen wurden die Wurzeln verwendet, zum Gelbfärben die Blüten.

Klettenwurzelöl

Arctium lappa

Haut

Rezepturbezeichnung:
Oleum Bardanae
Stammpflanze:
Arctium lappa
Familie:
Korbblütler (Asteraceae)
HAB: Arctium lappa

Inhaltsstoffe:

Inulin, Schleime, Polyacetylene, ätherisches Öl, Gerbstoffe, Bitterstoffe, Sitosterin, antibiotisch wirkende Stoffe, fungizid wirkende und möglicherweise auch tumorhemmende Substanzen

Wirkrichtungen:

→ juckreizlindernd
→ haarwuchsfördernd
→ tumorhemmend
→ entzündungshemmend

Indikationen:

Äußerlich (ad usum externum):
→ Ekzem mit trockenen Schuppen
→ Mauke
→ Flechte
→ Juckreiz
→ Haarausfall
→ Schuppen

Zusätzliche Indikationen Mensch:
Innerlich (ad usum internum):
→ trockene Kopfhaut

Zubereitung, Anwendung, Darreichungsformen und Dosierung:

Äußerlich
Pferd & Mensch:
Öl:
→ verdünnt mit Trägeröl 1 : 2

Tinktur:
→ verdünnt 1 : 5 mit Wasser

Altes Wissen & Wissenswertes

- Bei Erkrankungen, bei denen die fettende Wirkung des Öls unerwünscht ist, z.B. bei stark nässender Mauke, bietet sich die Klettenwurzeltinktur als Alternative an.
- Die Klette wird seit dem Altertum als Heilmittel verwendet. Sie wurde bei Lungenleiden, Schmerzen, Wunden und Hautauschläge verwendet.
- Ihre Blütenstände waren tatsächlich Vorbild für den Klettverschluss. Wer einmal Kletten aus der Mähne von seinem Pferd gefummelt hat, weiß wie gut diese Pflanze das Kletten beherrscht.

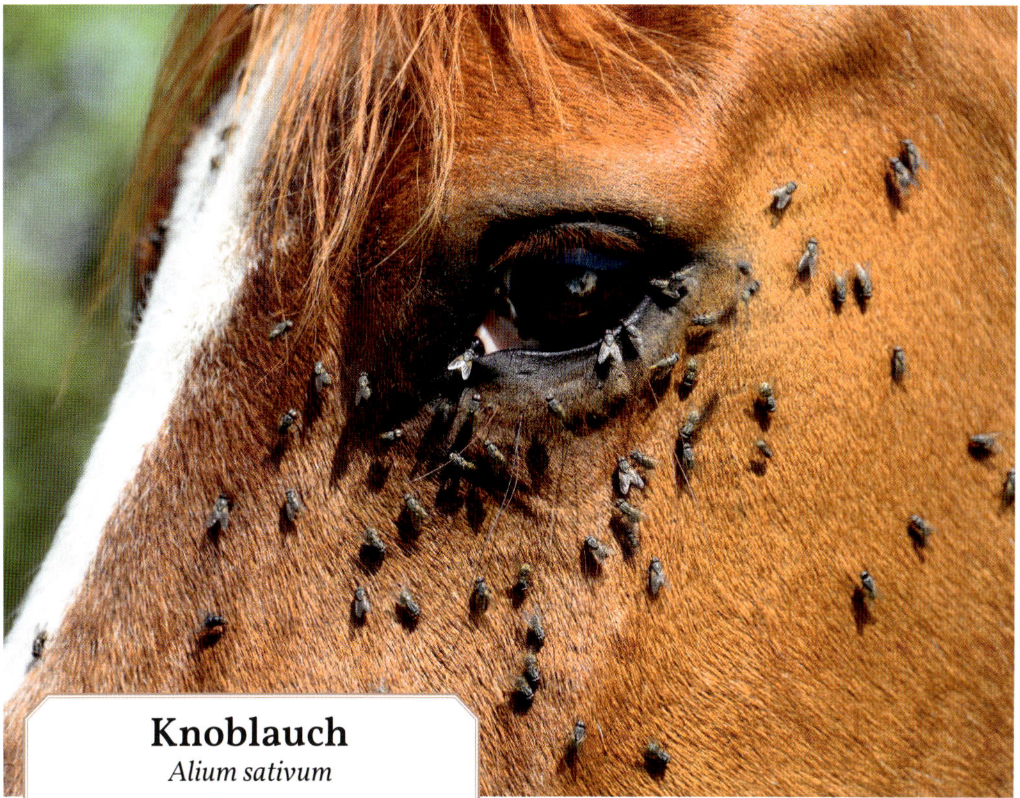

Knoblauch

Alium sativum

Magen, Darm, Haut, Immunsystem, Atemwege, Bewegungsapparat

Rezepturbezeichnung: Allii sativi bulbus
Stammpflanze: Alium sativum
Familie: Lauchgewächse (Alliaceae)
HAB: Allium sativum

Inhaltsstoffe:

Schwefelhaltige Substanzen, Allin (Allicin), Lauchöl, Mineralien, Vitamine, ätherisches Öl

Wirkrichtungen:

→ gegen Bakterien
→ gegen Pilze
→ Hemmung der Blutgerinnung
→ Verlängerung der Blutungs- und Gerinnungszeit
→ Erweiterung der Blutgefäße
→ mild blutdrucksenkend
→ krampflösend
→ gegen Parasiten

Indikationen:

Innerlich (ad usum internum):

Pferd & Mensch:
→ Verdauungsbeschwerden
→ Appetitlosigkeit
→ nach Antibiotikagabe zur Darmregulierung
→ Abwehr stärken
→ allergischer Husten
→ Hauterkrankungen (auch Prophylaxe)
→ Insektenabwehr

Pferd:
→ Hufrehe (auch Prophylaxe)
→ Ekzem (auch Prophylaxe)
→ gegen Madenwürmer

Mensch:
→ Arteriosklerose
→ Durchblutungsstörungen
→ unterstützend bei Hyperlipidämie
→ begleitend bei Helicobacter pylori
→ Bluthochdruck

Äußerlich (ad usum externum):
Pferd & Mensch:
→ Hautpilz
→ Insektenabwehr
→ Wunden, infizierte, eitrige und entzündete und zur Wundspülung
→ Geschwüre
→ Fisteln

Zubereitung, Anwendung, Darreichungsformen und Dosierung:

Innerlich:
Pferd:
Frische Zehen:
→ 1–4 Zehen täglich
Pulver:
→ 20–40 g täglich
Mensch:
frische Zehe:
Tagesdosis:
→ 4 g
Fertigpräparate:
900 mg Knoblauchpulver täglich, ein hoher und konstanter Allicin-Gehalt sollte gewährleistet sein.
→ Bei einigen Erkrankungen empfiehlt sich eine Langzeittherapie (Arteriosklerose, Bluthochdruck), die Wirkung tritt nach 2–3 Monaten ein.

Äußerlich
Pferd & Mensch:
Tinktur:
→ 1 : 5 mit Wasser verdünnen
Kräuteröl:
→ Rezept zur Herstellung siehe Kapitel Rezepte, pur auftragen

Kontraindikation:

→ bei säugenden Stuten in kleinen Dosen, Milch darf nicht den Geschmack annehmen

Nebenwirkungen:

→ Selten Magen-Darmbeschwerden
→ Allergische Reaktionen
→ Pferd bei Überdosierung (ab 200 g täglich) kann es zu einer hämolytischen Anämie kommen

Altes Wissen & Wissenswertes:

- Knoblauch ist eines der ältesten Heilmittel der Menschheit, vermutlich wurde er schon vor über 6.000 Jahren in Asien kultiviert.
- In Ägypten ist Knoblauch vor 5000 Jahren den Arbeitern der Pyramiden zu essen gegeben worden, um sie vor Krankheiten zu schützen und ihre Arbeitskraft aufrechtzuerhalten.
- Aber auch bei den Griechen und Römern war Knoblauch ein wichtiger Bestandteil der Ernährung. Die Athleten der Olympischen Spiele nahmen ihn zur Stärkung ein.
- Im Mittelalter wurde er dann zum Vertreiben von Hexen und Geistern verwendet, später weitete sich dieser Aberglaube auf die Abwehr von Vampiren aus.
- Im 19. Jahrhundert befasste sich der berühmte Wissenschaftler Louis Pasteur mit der Erforschung der antibakteriellen Eigenschaft von Knoblauch.
- Im ersten Weltkrieg wurden Tonnen an Knoblauch in den Lazaretten verwendet, um Infektionen zu behandeln.
- Wissenschaftliche Studien am Menschen erwiesen, dass Knoblauch den Cholesterinspiegel senkt, Arteriosklerose vorbeugt und gut gegen das Magenbakterium Helicobacter pylori wirkt, das Magengeschwüre auslöst.
- Knoblauch wirkt schwächer als ein Antibiotikum, entwickelt aber keine Resistenzen. 1 mg Allicin ist mit der Wirkung von 10 mg Penicillin vergleichbar.

Königskerze
Verascum densiflorum

Atemwege

Rezepturbezeichnung: Verbasci flores
Stammpflanzen: Verascum densiflorum (Große)/ phlomoides (Wind)/thapus (Kleine)
Familie: Brauwurzgewächse (Scrophulariaaceae)
HAB: Verbascum

Inhaltsstoffe:
Saponine, Flavonoide, Schleimstoffe, Zuckerstoffe

Wirkrichtungen:
→ auswurffördernd
→ krampflösend
→ reizmildernd
→ schwach harntreibend
→ entzündungshemmend
→ gegen Viren
→ schweißtreibend

Indikationen
Innerlich (ad usum Internum):
Pferd & Mensch:
→ Katarrhe der oberen Luftwege
→ trockener Husten
→ Reizhusten
→ chronische und akute Bronchitis
→ Husten mit festsitzendem Schleim

Zubereitung, Anwendung, Darreichungsformen und Dosierung:
Innerlich:
Pferd:
Infus:
→ 20–40 g täglich
Mensch:
Infus:
Tagesdosis: 2–4 g 3–4-mal täglich schluckweise trinken.
1 g auf 200 ml Wasser pro Gabe.
→ Wenn eher Schleim gelöst werden soll, dann mit heißem Wasser übergießen und 10 Minuten ziehen lassen.

→ Wenn sie reizlindernd wirken soll, nur mit warmem Wasser übergießen und 30–60 Minuten ziehen lassen.
→ Durch ein feines Teesieb/-filter abseihen, damit keine feinen Härchen der Blüten mehr im Tee sind und so die Schleimhäute reizen. Bei Pferden mit Futter vermischt können sie die Blüten mitfüttern.

Altes Wissen & Wissenswertes:

- Die Königskerze hat eine Sonderstellung bei allen Hustenerkrankungen, da sie Schleimlöser und Hustenreizstiller in einem ist.
- Die große Königskerze ist eine imposante Erscheinung, nicht selten wird sie über zwei Meter hoch. Ihre gelben Blüten sind ebenso samtig wie ihre Blätter, sie wird aus diesem Grund auch Wollblume genannt.
- Es gibt drei Arten, die starke Heilkräfte besitzen: die kleine, die große und die Windblumen-Königskerze. Da die Blüten verwendet werden, wird meist die große Königskerze gewählt, da ihr Ertrag am höchsten ist.
- Mittlerweile ist die Königskerze oft anzutreffen, da sie von Straßenmeistereien ausgesät wurde und sich sehr stark wild verbreitet hat.
- Die Blüten duften sanft nach Honig und schmecken auch als Tee angenehm-süßlich, aber auch frisch im Wildkräutersalat machen sie sich perfekt.
- Der deutsche Name leitet sich wahrscheinlich davon ab, dass sie früher – unter anderem auch in Königshäusern – als Fackel benutzt wurde. In Pech, Öl, Wachs oder Harz getaucht und dann angezündet, diente sie so als brennende Lichtquelle.
- Die getrockneten Blätter wurden als Zünder und Dochte verwendet. Aus diesem Grund wird sie wohl auch als Fackelblume, Kerzenkraut oder Brennkraut bezeichnet.
- Die wasserziehenden Blüten müssen gut und vor allem trocken aufbewahrt werden, damit sie nicht schimmeln.

Kümmel
Carum carvi

Magen, Darm

Rezepturbezeichnung: Carvi fructus
Stammpflanze: Carvum carvi
Familie: Doldenblütler (Apiaceae)
HAB: Carum carvi

Inhaltsstoffe:

Ätherische Öle (Carvon, Limonen), Flavonoide, Gerbstoffe, fettes Öl, Harz

Wirkrichtungen:

→ krampflösend
→ stark entblähend
→ stimuliert Verdauungsvorgänge
→ Magenmittel
→ Bakterien abtötend
→ Pilz abtötend
→ Hemmung der Gärungs- und Fäulnisprozesse (Darm)

Indikationen:

Innerlich (ad usum Internum):
Pferd & Mensch:
→ Gasansammlungen und Blähungen im Bauchraum
→ Magen-Darmbeschwerden (spastisch bis Koliken)
→ nervös bedingte Koliken

Mensch:
→ Völlegefühl
→ Menstruationsschmerzen

Zubereitung, Anwendung, Darreichungsformen und Dosierung:

Innerlich:
Pferd:
Infus:
→ am besten als Pulverform, 10–25 g täglich

Fertigpräparate:
→ ColoSan®

Mensch:
Infus:
Tagesdosis: 1,5–6 g täglich, 3–4-mal verteilen
→ Die Samen vor dem Aufbrühen mit dem Mörser anstoßen, damit sich die ätherischen Öle lösen, abgedeckt ziehen lassen.

Altes Wissen & Wissenswertes:

- Kümmelöl äußerlich bei Bauchschmerzen auftragen und sanft einmassieren.
- Kümmel ist eines der ältesten bekannten Gewürze, es wurden in Überresten von Pfahlbauten aus der Jungsteinzeit Kümmelsamen gefunden.
- In der Küche wird Kümmel gerne zu Kohlgerichten dazugegeben, zum einen, um den Geschmack zu verbessern, aber auch um Blähungen vorzubeugen.
- Wichtig zu wissen ist, dass alle Gewürze Heilkräuter sind, aber nicht alle Heilkräuter Gewürze.
- Eine sehr bekannte und bewährte Mischung bei Blähungen sind Kümmel, Fenchel und Anis.

Lavendelöl

Lavandula angustifolia

Nervensystem, Haut, Parasiten

Rezepturbezeichnung: Lavandulae aetheroleum
Stammpflanze: Lavandula angustifolia mill.
HAB: Lavandula

Inhaltsstoffe:

Ätherisches Öl

Wirkrichtungen:

→ schmerzlindernd
→ keimtötend
→ beruhigend
→ hyperämisierend

Indikationen Pferd & Mensch:

Äußerlich (ad usum externum):
→ Nervosität
→ Insektenstiche
→ Insektenabwehr
→ Hautreizungen
→ Verbrennungen
→ Narben

Zubereitung, Anwendung, Darreichungsformen und Dosierung:

Äußerlich
Pferd und Mensch:
Öl:
→ 1 : 2 mit Trägeröl verdünnen

Altes Wissen & Wissenswertes

- Lavendel ist eine weitverbreitete Heilpflanze und fast in jedem Kräuterbuch zu finden.
- Es gibt etliche Studien, die die beruhigende Wirkung des Lavendelöls beim Menschen bestätigen.
- Lavendel wirkt auch gegen Motten und anderes Ungeziefer.

Leinsamen

Linum usitatissimum

Magen, Darm, Haut

Rezepturbezeichnung: Lini semen
Stammpflanze: Linum usitatissimum
Familie: Linaceae (Leingewächse)
HAB: Linum usitatissimum

Inhaltsstoffe:

Schleimstoffe, Fettöle (hochwertige Öle mit z.B. Linolsäure), Tocopherol (Vitamin E), Blausäureglycosid, Cellulose (Ballaststoffe, Faserstoffe)

Wirkrichtungen:

→ mild abführend
→ entzündungshemmend
→ Radikalfängereigenschaften
→ schleimhautschützend
→ appetitanregend
→ regt die Darmperistaltik an

Indikationen:

Innerlich (ad usum Internum):

Pferd & Mensch:

→ Verstopfung
→ Entzündungen der Mundschleimhaut und des Magen-Darmtraktes
→ Gastritis
→ Magen- und Dünndarmgeschwüre
→ stärkt den Verdauungsapparat
→ stärkt nach Krankheiten (besonders im Magen- und Darmbereich)
→ nach Antibiotikagabe zur Darmsanierung
→ Arthrose
→ Ekzem

Pferd:

→ alte Pferde
→ unterstützt Fellwechsel
→ bringt glänzendes Fell und feste Hufe

Mensch:

→ Divertikulitis
→ Reizmagen

Äußerlich (ad usum externum):

Pferd & Mensch:

→ Bei entzündlichen Hauterkrankungen und Ekzemen
→ Verbrennungen

Pferd:

→ Kreuzverschlag
→ Hufgeschwüre

Zubereitung, Anwendung, Darreichungsformen und Dosierung:

Innerlich:

Pferd:

Samen:

→ 50–100 g täglich, mit 2 Liter Wasser, 60 Minuten kochen lassen

→ viel trinken lassen

Fertigpräparate:

→ ColoSan®

→ Leinöle verschiedener Hersteller

Mensch:

Tagesdosis:

→ 15–45 g auf 3–4-mal verteilen, 1–2 EL pro Gabe zwischen den Mahlzeiten mit 150–300 ml Wasser einnehmen. Der Leinsamen soll im Darm quellen, damit er einen Dehnungsreiz ausübt. Wenn Sie ihn vorquellen lassen, übt er weniger Druck aus, da ist bei einer Wirkung auf den Magen (z.B. bei Gastritis) sinnvoll.

Fertigpräparate:

→ Linusit-Gold®-Leinsamen

Äußerlich

Pferd & Mensch:

gemahlener Leinsamen:

→ 30–50 g mit heißem Wasser zu einem Brei verrühren und als feucht-warme Kompresse verwenden, ca. 10 Minuten einwirken lassen.

Nebenwirkungen:

→ zu wenig Wasserzufuhr kann zum Darmverschluss führen, gilt nur Samen, nicht für Öl

Kontraindikation:

→ Darmverschluss

Altes Wissen & Wissenswertes:

- Lein, auch Flachs genannt, begleitet den Menschen seit uralten Zeiten. Er war das Ausgangsmaterial für Stoffe und wird bereits seit der jüngeren Steinzeit angebaut.
- Die ersten Funde stammen aus dem 5. Jahrtausend vor Christus.
- Auch in der Heilkunde werden die Samen des Leins schon sehr viele Jahrhunderte angewendet.
- Die Samen kennt sicherlich fast jeder, doch auch die Pflanze, mit ihren zartblauen Blüten, ist eine Bereicherung für jeden Garten.
- Achtung: Geschrotete Leinsamen werden sehr schnell ranzig, sie sollten immer innerhalb von wenigen Tagen verbraucht werden.
- 100 g Leinsamen haben 500 kcal, eine kalorienarme Alternative sind die Flohsamenschalen.
- Viel trinken und bei empfindlichen Pferden nur den Schleim oder das Öl verfüttern!
- Nicht zusammen mit Medikamenten einnehmen, mindestens eine Stunde warten, da der Schleim die Medikamente einhüllt und diese so nur sehr schlecht oder gar nicht vom Körper aufgenommen werden können.

Lorbeeröl
Laurus nobilis

Haut, Bewegungsapparat

Rezepturbezeichnung: Lauri oleum
Stammpflanze: Laurus nobilis
Familie: Lorbeergewächse (Lauraceae)
HAB: Laurus nobilis

Inhaltsstoffe:
Ätherisches Öl, Glyzeride der Laurin-, Palmitin-, Öl- und Linolsäure

Wirkrichtungen:
→ durchblutungsfördernd
→ gegen Keime

Indikationen Pferd:
Äußerlich (ad usum externum):
→ schlechtes Horn
→ schlechtes Hornwachstum
→ Zerrungen
→ Prellungen
→ Euterentzündung (mit Verhärtung)
→ Verstauchung
→ Muskelschmerzen

Zusätzliche Indikationen Mensch:
Äußerlich (ad usum externum):
→ Depressionen
→ Akne

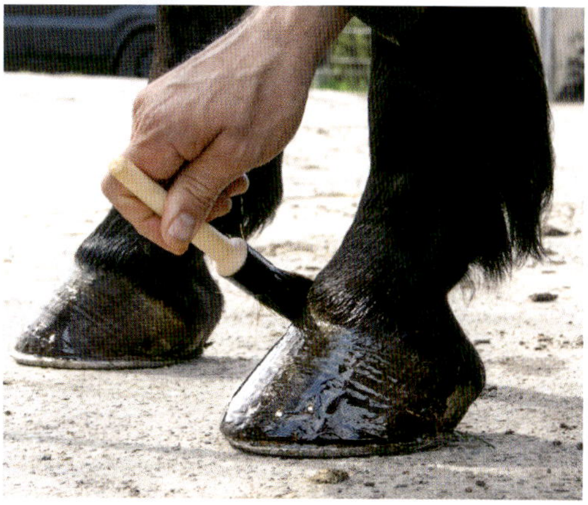

Altes Wissen & Wissenswertes

- Pures Öl mit Handschuhen oder Pinsel auftragen, da es die Haut reizen kann.
- Öl einmal pro Woche mit einer Zahnbürste in den Kronrand feste einmassieren, das fördert die Durchblutung und regt so das Hornwachstum zusätzlich an.
- Als Aromaöl bei Menschen angewendet, soll es Depressionen lindern und die Konzentration fördern.

Zubereitung, Anwendung, Darreichungsformen und Dosierung:
Äußerlich
Pferd & Mensch:
Öl:
→ pur (Hufe), 1 x pro Woche
→ als Bestandteil von Huföl
→ 1 : 5 mit Trägeröl verdünnt (Haut)

Nebenwirkungen:
→ Allergische Reaktionen auf der Haut

Löwenzahn

Taraxacum officinale

Leber, Niere, Bewegungsapparat, Magen, Darm

Rezepturbezeichnung: Taraxacum herba
Stammpflanze: Taraxacum officinale
Familie: Korbblütler (Asteracea)
HAB: Taraxacum

Inhaltsstoffe:

Bitterstoffe, Vitamine A, B, C, D, Mineralien, Flavonoide, Gerbstoffe, Inulin (zwischen 2 % im Frühling und 40 % im Herbst), etwas ätherische Öle, Triterpene

Wirkrichtungen:

- → Anregung der Galleproduktion
- → Anregung der Galleausschüttung
- → leicht krampflösend
- → anregend für die Leber
- → entstauend im Bereich der Leber
- → harntreibend
- → antidyskratisch (Säfte reinigend, blutreinigend)
- → appetitanregend
- → verdauungsfördernd

Indikationen:

Innerlich (ad usum Internum):

Pferd & Mensch:

- → Verdauungsbeschwerden (Blähungen etc.)
- → Chronische Erkrankungen der Leber und des Stoffwechsels
- → Hauterkrankungen (Sommerekzem, Haarausfall)
- → Abwehr anregend
- → Arthritis, Arthrose
- → Appetitlosigkeit
- → Allergien
- → Stoffwechselprobleme
- → trockene Haut

Mensch:

- → Völlegefühl
- → Störungen des Galleflusses
- → Nierengrieß
- → Rheuma

Äußerlich (ad usum externum):

Pferd & Mensch:

- → Warzen

Zubereitung, Anwendung, Darreichungsformen und Dosierung:

Innerlich:
Pferd:
→ 10–40 g täglich
Mensch:
Dekokt:
Tagesdosis: 12–15 g auf 3–4 Gaben aufgeteilt
Presssaft:
→ nach Herstellerangaben

Äußerlich
Pferd & Mensch:
→ Den frischen Pflanzensaft mehrfach täglich auf die Warze auftupfen.

Kontraindikationen:

→ Verschluss der Gallenwege
→ Darmverschluss

Nebenwirkungen:

→ sehr selten Magenschmerzen
→ bei äußerlicher Anwendung Allergie

Altes Wissen & Wissenswertes:

- Eine der bekanntesten europäischen Pflanzen, was leider oftmals dazu führt, dass Löwenzahn als Heilpflanze nicht die Beachtung bekommt, die ihm zusteht. Im Gegenteil: oft wird er als lästiges Unkraut angesehen, wäre er seltener, wäre dies wahrscheinlich anders.
- »Armer gelber Löwenzahn, wirst als Unkraut abgetan. Wärst du rar wie Orchideen, jeder fänd' dich wunderschön.« (Wiltrud Eberhardt).
- Seit jeher wurde der Löwenzahn aufgrund seiner gelben Blüten gegen Gelbsucht verwendet, heute weiß man, dass seine Inhaltsstoffe tatsächlich positiv bei Lebererkrankungen wirken.
- Löwenzahn ist eine der wichtigsten Heilpflanzen, die auf mehrere Organsysteme wirkt, also ein richtiger Allrounder mit sanfter, aber intensiver Wirkung.
- Früher wurde die Wurzel, ähnlich wie die Wurzel der Wegwarte, auch als Kaffeeersatz genutzt.
- Von Kindern werden die Blüten zu Haarkränzen gemacht und die vertrockneten Blüten, die Pusteblumen, als Orakel benutzt.
- Seine geschlossenen Blütenköpfe können genau wie Kapuzinerkresse und Gänseblümchen als Kapernersatz verwendet werden (Rezept siehe Gänseblümchen, Seite 84).
- Durch seine positive Wirkung auf den gesamten Stoffwechsel eignet er sich hervorragend für eine Frühjahrskur.
- Seine harntreibende Wirkung bringt ihm seinen französischen Namen »piss-en-lit« »Mache ins Bett« ein. Löwenzahn sollte deshalb nicht unbedingt abends eingenommen werden.
- Frische zarte Löwenzahnblätter schmecken ähnlich wie Rucola und können genauso als Salat zubereitet werden.
- Löwenzahn darf nicht bei Hufrehe gefüttert werden, da er Inulin (Fruktan) enthält. Im Herbst ist der Wert in der Pflanze besonders hoch.

Malve

Malva sylvestris

Atemwege, Magen, Darm

Rezepturbezeichnung: Malvae folium und flos (Blüten)
Stammpflanze: Malva sylvestris
Familie: Malvengewächse (Malvaceae)
HAB: Malva sylvestris

Inhaltsstoffe:

Schleimstoffe, Gerbstoffe, etwas ätherisches Öl, in den Blüten zusätzlich Farbstoffe.

Wirkrichtungen:

→ hustenreizstillend
→ reizmildernd
→ entzündungshemmend
→ Steigerung der Phagozytoseleistung
→ vagusreizdämpfend
→ schleimhautprotektiv

Indikationen:

Innerlich (ad usum Internum):

Pferd & Mensch:

→ trockener Husten
→ Reizhusten
→ Entzündungen der oberen Luftwege
→ Reizung im Mund- und Rachenraum
→ Schleimhautentzündung
→ Magen- und Darm-Entzündungen
→ Gastritis

Mensch:

→ Halsschmerzen

Zubereitung, Anwendung, Darreichungsformen und Dosierung:

Innerlich:

Pferd:

Mazerat:

20–40 g täglich, 1 : 10 mit Wasser, 1–2 Stunden stehen lassen, dann verfüttern
→ Nicht länger als 10 Tage anwenden

Mensch:

Mazerat:

Tagesdosis: 5 g, 2–3-mal täglich
→ 1 : 10 mit Wasser, 1–2 Stunden stehen lassen, abseihen, schluckweise trinken
→ Nicht länger als 10 Tage anwenden

Altes Wissen & Wissenswertes:

- Die Malve ist eine schon lange genutzte Gemüse-, Nutz- und Heilpflanze. Die ältesten Samenfunde wurden in über 10.000 Jahre alten Siedlungen entdeckt.
- Ihre Wirkung gegen Insekten- und Skorpionstiche taucht in vielen alten Schriften auf, aber auch bei Schlangenbissen wurde sie angewendet.
- Plinius (ein römischer Gelehrter und Naturforscher, der das bedeutende Werk »Naturalis historia« schrieb) berichtete, dass ein Malvenblatt auf einen Skorpion gelegt, diesen erstarren lässt.
- Sie galt als starkes Liebeskraut und Aphrodisiakum.
- Hildegard von Bingen empfahl, die Malve bei schwachem Magen, aber nie roh, sondern nur gekocht zu sich zu nehmen.
- Malven besitzen wunderschöne Blüten und sind in verschiedensten Arten als Zierpflanzen zu erhalten. Die meisten von ihnen besitzen aber trotzdem Heilkräfte. Der verwandte Eibisch und die Stockrose,haben ebenfalls heilende Wirkungen und sind im Blütenbild sehr ähnlich.
- Der Hibiskus, ein exotischer Verwandter der echten Malve, ist nicht zu den Heilpflanzen zu zählen. Er besitzt kaum Schleimstoffe, sondern hauptsächlich organische Säuren. Trotzdem wird er oft in Teemischungen als Malve bezeichnet. Er ist in vielen Mischungen zu finden, da er den Tee rot färbt und ihm eine angenehme Säure verleiht. Besonders bekannt ist er in Kombination mit Hagebutten.
- Genau wie für alle Heilkräuter mit Schleimstoffen gilt auch hier: nicht gleichzeitig mit anderen Medikamenten verabreichen.

Mariendistel

Silybum marianum

Leber

Rezepturbezeichnung: Cardui mariae fructus
Stammpflanze: Silybum marianum
Familie: Korbblütler (Asteraceae)
HAB: Carduus Marianus

Inhaltsstoffe:

Silymarin (Wirkstoffkomplex, der den Flavonoiden zugehört, hauptsächlich in den Fruchtschalen zu finden), ungesättigte Fettsäuren (Linolsäure), Vitamin E, Bitterstoffe, ätherische Öle (wenig)

Wirkrichtungen:

→ Leberschützend
→ Leberzellregenerativ
→ entzündungshemmend

Indikationen:

Innerlich (ad usum Internum):

Pferd & Mensch:

→ alle Arten von Lebererkrankungen
→ Leber stimulierend
→ Leberstoffwechsel verbessern
→ Leberfunktionsstörungen
→ Verdauungsbeschwerden vor allem Blähungen
→ Intoxikation der Leber (toxische Leberschäden z.B. durch Medikamente)

Pferd:

→ Hufrehe

Mensch:

→ Leberzirrhose
→ Hepatitis
→ Fettleber

Zubereitung, Anwendung, Darreichungsformen und Dosierung:

Innerlich:

Pferd:

→ 80–100 g täglich, am besten als Mariendistelsamenschrot

Mensch:

Tagesdosis:

→ 12–14 g Mariendistelsamen, als Schrot über den Tag verteilt
→ 200–400 mg Silymarin

Fertigpräparate:

→ Legalon®
→ Cefasilymarin®
→ Silymarin Stada®
→ andere in der Apotheke erfragen

Nebenwirkungen:

→ Stuhl etwas dünner, Richtung Durchfall

Altes Wissen & Wissenswertes:

- Mariendistel gilt seit dem Altertum als Heilmittel, im Mittelalter kam sie dann nach Mitteleuropa.
- Der deutsche Name stammt von der Legende, dass die Milch der Jungfrau Maria auf die Blätter tropfte und für deren Marmorierung sorgte.
- Wichtigste Leberheilpflanze, der in ihr enthaltene Wirkstoff Silymarin wird in der Intensivmedizin bei Knollenblätterpilzvergiftung eingesetzt und erhöht hier signifikant die Überlebenschancen.
- Da in der Schulmedizin kaum Medikamente zur Verfügung stehen, die die Leber heilen können, wurde/wird die Wirkung von Mariendistelpräparaten in vielen Studien untersucht. Mit sehr guten Ergebnissen. Der in den Mariendistelsamen enthaltene Wirkstoff Silymarin hilft nachweislich bei einer Vielzahl von Lebererkrankungen beim Menschen.

Meerrettich
Armoracia rusticana

Immunpflanze, Leber, Bewegungsaparat

Rezepturbezeichnung: Armoraciae rusticanae radix
Stammpflanze: Armoracia rusticana
Familie: Kreuzblütengewächse (Brassicaceae)

Inhaltsstoffe:
getrocknete Wurzel: Senföl, Gluconasturtiin, Sinigrin, Vitamin C, Kaliumsalze

Wirkrichtungen:
→ gegen Viren, Pilze, Bakterien
→ durchblutungfördernd
→ wurmtreibend
→ verdauungsfördernd
→ Anregung der Galleproduktion
→ Anregung der Galleausschüttung
→ appetitanregend

Indikationen:
Innerlich (ad usum Internum):
Pferd & Mensch:
→ Stimulierung der unspezifischen Immunabwehr, bei Atemwegsinfekten
→ chronisch rezidivierende Atemwegsinfekte
→ chronisch rezidivierende Harnwegsinfekte
→ Wurmkur unterstützend
→ Lebererkrankungen
→ Fieber
→ Vereiterungen
→ Entzündungen aller Art
→ Zahninfektionen
Mensch:
→ Mandelentzündung
→ Grippale Infekte
→ Schnupfen
→ Nebenhöhlenentzündungen
→ Tinnitus
Äußerlich (ad usum externum):
Pferd & Mensch:
→ Gallen
→ leichte Muskelschmerzen
→ Nervenschmerzen

Zubereitung, Anwendung, Darreichungsformen und Dosierung:
Innerlich:
Pferd:
frische Wurzel:
→ 10–20 g pro 100 kg Körpergewicht täglich
→ Die Wurzel sollte immer frisch gerieben werden, am besten in aufgeweichten Heucobs füttern
→ mit 20 g täglich beginnen und innerhalb von einer Woche auf die gewünschte Menge hoch dosieren.
Mensch:
Tagesdosis:
→ 20 g frische Wurzel

Äußerlich

Pferd & Mensch:

→ Vier Esslöffel frische Meerrettichwurzel raspeln, auf Kompresse legen, auf die betroffene Stelle legen und dort für 3–5 Minuten belassen, anschließend die Stelle zur Pflege mit Olivenöl einreiben.

Nebenwirkungen:

→ Magen- und Darmbeschwerden

Kontraindikationen:

→ Magen- und Darmgeschwüre

Altes Wissen und Wissenswertes:

- Meerrettich wird wegen seiner Wirkung auch als pflanzliches Antibiotikum bezeichnet, im Gegensatz zu einem echten Antibiotikum stört er allerdings nicht die Darmbakterien und führt auch zu keinen Resistenzen.
- Über die Herkunft des Namens gibt es zwei Theorien. Zum einen kann das Meer im Namen daher stammen, dass der Rettich über das Meer zu uns gelangte. Seeleute nutzten den Meerrettich als Vitamin-C-Quelle gegen die gefürchtete Skorbut-Krankheit. Die andere ist, dass der Name sich vom englischen Wort für Meerrettich ableitet. In England heißt er nämlich »Horseradish«, Pferderettich. Daraus entstand dann der »Mährrettich« – Wortstamm Marha, germanisch für Pferd. Die Mähre wurde dann im Laufe der Jahre zu Meer.
- Sicher ist, dass Pferde schon in frühen Kriegen Meerrettich zu Stärkung und zur Behandlung von Infektionskrankheiten erhielten.
- Die meisten Pferde fressen die Wurzeln sehr gerne, was auch wieder auf die Ableitung von »Mähre« hindeutet.
- Die Meerrettichfütterung ist sicherlich etwas aufwändig, aber die Erfolge der Therapie, gerade bei Infektions-, Atemwegs- und Zahnerkrankungen, sind so enorm, dass sie den Aufwand wert ist.
- Die Meerrettichwurzel gilt als das schärfste einheimische Gewürz und kann sehr gut als Beigabe zu schwerverdaulichen Speisen gereicht werden. Roh verzehrt hat Meerrettich die beste Heilwirkung, da beim Kochen bis zu 35 % der Inhaltsstoffe verloren gehen.
- Übrigens besteht Wasabi-Paste eigentlich aus dem aus Japan stammenden Wassermeerrettich. Da dieser aber sehr selten ist, wird sehr oft normaler Meerrettich zu Herstellung der Paste verwendet.

Melisse

Melissa officinalis

Magen, Darm, Nerven, Haut, Parasiten

Rezepturbezeichnung: Melissae folium
Stammpflanze: Melissa officinalis (Zitronenmelisse)
Familie: Lippenblütler (Lamiaceae)
HAB: Melissa

Inhaltsstoffe:

Ätherische Öle (z.B. Citral und Citronellal), Gerbstoffe (wenig), Flavonoide, Pflanzensäuren, wenige Bitterstoffe, Kupfer

Wirkrichtungen:

→ beruhigend
→ krampflösend
→ entblähend
→ sekretfördernd auf Magen und Galle
→ Viren hemmend

Indikationen:

Innerlich (ad usum internum):

Pferd & Mensch:

→ Kolik im Magen-Darm-Trakt auch als Kolikprophylaxe
→ Infektiöse und funktionelle Magen- und Darmbeschwerden
→ Blähungen und Gasansammlungen im Darm
→ Unruhe, Nervosität

Mensch:

→ Einschlafstörungen
→ Angststörungen

Äußerlich (ad usum externum):
Pferd & Mensch:
→ Quetschungen, Geschwüren
→ Fliegenabwehr
→ Beruhigung

Zubereitung, Anwendung, Darreichungsformen und Dosierung:

Innerlich:
Pferd:
Infus:
→ 30–50 g täglich
Mensch:
Infus:
Tagesdosis: 1,5–4,5 g am besten frische Kräuter, 2–3 Gaben täglich

Äußerlich
Pferd & Mensch:
Infus:
→ 10 g auf 200 ml Wasser, 30 Minuten ziehen lassen, abseihen
Ätherisches Öl:
→ 1 : 5 mit Trägeröl verdünnen
Kräuteröl:
→ pur anwenden, Rezept zur Herstellung siehe Seite 154

Altes Wissen & Wissenswertes:

- Die Melisse hat einen engen Bezug zu den Bienen, was sich auch in ihrem Namen widerspiegelt. Melissa bedeutet im Griechischen »diejenige, die den Honig macht« oder »honigsüß«.
- Die Blüten der Melisse sind ein bekanntes und bei Bienen sehr beliebtes Futter. Das von Bienen ausgeschiedene Sekret, um gute Futterquellen zu markieren, ähnelt vom Duft her der Melisse.
- Imker reiben sogar ihre Bienenstöcke mit Melisse ein, um Bienen anzulocken und ein Ausschwärmen neuer Völker zu verhindern.
- Den Beinamen Zitrone hat die Melisse aufgrund ihres Duftes und Geschmacks erhalten, die frischen Blätter eignen sich sehr gut zum Verfeinern von Getränken oder Süßspeisen.
- Leider verlieren die Blätter beim Trocknen schnell ihre ätherischen Öle, deshalb sollten sie am besten frisch verwendet werden. Um sie haltbar zu machen, frieren Sie die frischen Blätter am besten mit etwas Wasser in einem Eiswürfelbehälter ein und tauen sie bei Bedarf frisch auf.
- Die Melisse kam im 11. Jahrhundert nach Europa und wurde schnell in Klöstern und Bauerngärten heimisch. Sie ist eine robuste Pflanze, die sich schnell und gerne ausbreitet. Im Herbst sollte sie komplett zurückgeschnitten werden, damit es zu keiner Verholzung kommt.
- Hildegard von Bingen beschrieb die Pflanze mit den herzförmigen Blättern als Mittel, das das Herz froh macht. Sie nannte die Melisse Herztrost.
- Der bekannte Klosterfrau Melissengeist besteht übrigens nicht nur aus Melisse, sondern auch aus anderen Kräutern. Seine Ursprungsform wurde unter anderem zur Behandlung von Herzbeschwerden eingesetzt.
- Die beruhigende Wirkung der Melisse wurde bisher in Studien fast immer in Verbindung mit anderen Heilkräutern wie Baldrian nachgewiesen.

Mönchspfeffer

Vitex agnus castus

Horminsystem

Rezepturbezeichnung: Agni casti fructus
Stammpflanze: Vitex agnus castus
Familie: Eisenkrautgewächse (Verbenaceae)
HAB: Agnus castus

Inhaltsstoffe:

Ätherisches Öl, fettes Öl, Flavonoide, Iridoide

Wirkrichtungen:

→ hormonregulierend
→ mindert Prolaktin

Indikationen:

Innerlich (ad usum internum):
Pferd & Mensch:
→ Störung der Rosse
→ Hormonelle Störungen
→ zur Milchrückbildung

Pferd:
→ Equines Cushing Syndrom
→ Euterschwellung mit Milch

Mensch:
→ prämenstruelles Syndrom
→ Wechseljahre (nur in Absprache mit dem Frauenarzt)

Zubereitung, Anwendung, Darreichungsformen und Dosierung:

Innerlich:
Pferd:
Getrocknete Samen:
→ 15 g täglich, 4–6 Wochen lang
Wirkt langsam, evtl. erst nach 3 Monaten
Fertigpräparate:
→ corticosal®
→ Hormonise®

Altes Wissen & Wissenswertes:

- Seinen Namen bekam er wohl aufgrund der Tatsache, dass er von Mönchen genutzt wurde, um das Zölibat besser einhalten zu können. Aber auch Nonnen nutzten ihn aus dem gleichen Grund.
- Sein botanischer Name Agnus castus bedeutet sowas wie lammfromm und deutet auch wieder auf die Verwendung als sexuell hemmendes Mittel hin. Er macht Männer lammfromm.
- Die Zweige weisen eine hohe Biegsamkeit auf und wurden früher zum Flechten von Körben verwendet.
- In südlichen Ländern wurde er als Pfefferersatz genutzt, da er eine gewisse Schärfe besitzt.
- Durch seinen etwas eigenwilligen Geschmack wird er von vielen Pferden nicht gerne gefressen. Fertigpräparate sind hier eine gute Alternative.

Mensch:
Fertigpräparate
Apotheke:
→ Tagesdosis: 4 mg Trockenextrakt

Kontraindikationen:
→ Trächtigkeit/Schwangerschaft
→ Stillzeit
→ hormonelle Krebserkrankungen

Nachtkerzenöl

Oenothera biennis

Haut

Rezepturbezeichnung: Oenotherae oleum
Stammpflanze: Oenothera biennis
Familie: Nachtkerzengewächse (Onagraceae)
HAB: Oenothera biennis

Inhaltsstoffe:

Fettes Öl mit 60–80 % Linolsäure,
8–14 % γ-Linolensäure

Wirkrichtungen:

→ entzündungshemmend
→ juckreizlindernd
→ immunmodulierend

Indikationen:

Äußerlich (ad usum externum):
Pferd & Mensch:
→ Sommerekzem
→ trockene Haut
→ Juckreiz
→ Schuppen
→ Hautschorf
→ Druckstellen
Mensch:
Äußerlich (ad usum externum):
→ Neurodermitis
→ Kontaktekzem
→ Allergien

Zubereitung, Anwendung, Darreichungsformen und Dosierung:

Äußerlich
Pferd & Mensch:
Öl:
→ pur

Altes Wissen & Wissenswertes

- Stammt aus Nordamerika und kam im 17. Jahrhundert nach Europa, hier verbreitete sie sich schnell als Zierpflanze und Küchengewürz. Erst später wurde ihre Heilwirkung erkannt.
- Ihre Wurzel wurde als Gemüse mit dem Namen Schinkenwurzel verwendet, da sie sich beim Garen rot färbt und etwas nach Schinken schmeckt.
- Die Wurzeln waren die Lieblingsspeise von Johann Wolfgang von Goethe.
- In ihrer Heimat wurde sie als Heilmittel sehr geschätzt, sie galt dort als Kraftspender und Wunderheiler.

Nelkenöl

Syzygium aromaticum

Haut, Parasiten

Rezepturbezeichnung: Caryophylli aetheroleum
Stammpflanze: Syzygium aromaticum
Familie: Myrtengewächse (Myrtaceae)
HAB: Syzygium aromaticum

Inhaltsstoffe:

→ Ätherisches Öl mit Eugenol, Acetyleugenol, Heptan

Wirkrichtungen:

→ gegen Keime
→ gegen Bakterien
→ gegen Pilze
→ gegen Viren
→ lokalanästhesierend
→ krampflösend

Ätherisches Öl

Indikationen:

Äußerlich (ad usum externum):
→ Insektenstiche
→ Insektenabwehr
→ Entzündungen und Infektionen im Mund und Zahnbereich

Zusätzliche Indikationen Mensch:
Äußerlich (ad usum externum):
→ Zahnschmerzen

Zubereitung, Anwendung, Darreichungsformen und Dosierung:

Äußerlich
Pferd & Mensch:
Öl:
→ 10 Tropfen Nelkenöl mit 100 ml Trägeröl verdünnen

Altes Wissen & Wissenswertes

- Nelkenöl eignet sich sehr gut zur Insektenabwehr.
- Rezept für ein Fliegenspray: 500 ml Wasser mit 10 Beuteln Schwarzem Tee, gerne auch noch frischen Walnussblättern, Melissenblättern oder Thymiankraut kochen, abkühlen lassen, einen halben Liter Apfelessig hinzugeben und gut schütteln. Anschließend je 10 Tropfen Nelken-, Lavendel- und Neemöl hinzugeben.

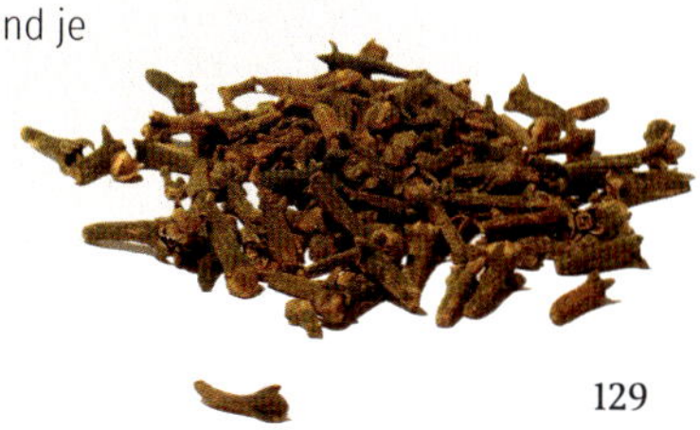

Pfefferminze

Menthae piperitae aetheroleum

Atemwege, Bewegungsapparat

Rezepturbezeichnung: Menthae piperitae folium (Blätter/Kraut)
Menthae piperitae aetheroleum (Öl)
Stammpflanze: Mentha piperita
Familie: Lippenblütler (Lamiaceae)
HAB: Mentha piperita

Inhaltsstoffe:

Ätherische Öle (z. B. Menthol), Gerbstoffe (wenige), Bitterstoffe, Pflanzensäure (Kaffeesäure), Flavonoide

Wirkrichtungen:

→ krampflösend
→ entblähend
→ sekretlösend
→ gegen Mikroorganismen wie Pilze, Bakterien und Viren
→ leicht harntreibend
→ Anregung der Galleausschüttung
→ Anregung der Gallenproduktion
→ appetitanregend
→ lokal betäubend
→ durchblutungsfördernd

Indikationen:

Innerlich (ad usum internum):

Pferd & Mensch:
→ Koliken im Magen-Darm-Trakt
→ Blähungen und Gasansammlungen im Darm
→ gestörte Fettverdauung
→ vorbeugend bei Koliken
→ Appetitlosigkeit
→ Abstillen
→ Bronchitis

Mensch:
→ Übelkeit und Brechreiz
→ Magen- und Darmkrämpfe

Äußerlich (ad usum externum):

Pferd & Mensch:
Kraut:
→ Waschungen bei Fieber
→ Insektenstiche
→ Pilzerkrankungen
→ Nervenschmerzen
→ Inhalation bei Entzündungen der oberen Luftwege (schleimlösend)
→ Sommerekzem, lindert Juckreiz

Öl:
→ Arthrose
→ Muskelschmerzen
→ Erkrankungen der oberen Atemwege
Mensch:
Öl:
> Spannungskopfschmerzen

Zubereitung, Anwendung, Darreichungsformen und Dosierung:

Innerlich:
Kraut:
Pferd:
Infus:
→ 20–40 g
Mensch:
Infus:
Tagesdosis: > 3–6 g auf 3–4 Dosen verteilt

Äußerlich:
Pferd & Mensch:
Kraut:
Inhalation:
Doppelte Menge vom Infus, 15 Minuten, 2 x täglich
Öl:
→ Inhalation: 10 Tropfen in 2 Liter Wasser geben.
→ Mit Trägeröl verdünnt beim Pferd auf den Kehlbereich auftragen (z.B. 10 ml mit 100 ml Olivenöl verdünnen), beim Menschen je nach Bedarf.
→ Als milde Salbe (5 % Öl in die Salbe, Creme) auf den Nüstern auftragen.
→ Stärkere Salbe (10–15 % Öl in Salbe, Creme) auf schmerzende Stelle geben.
Fertigpräparat Pferd:
→ Percutin®-Paste

Nebenwirkungen:

→ Magenschmerzen
→ Öl nicht zu lange anwenden und bei Reizungen sofort absetzen.

Kontraindikationen:

→ Gallensteine

Altes Wissen & Wissenswertes:

- Pfefferminze wird seit dem Altertum weltweit als Heilpflanze verwendet, sie spielte beim Totenkult im alten Ägypten eine große Rolle, man fand sie in alten Gräbern, wo sie Bestandteil von Gestecken war.
- Minze neigt dazu, Hybriden zu bilden, deshalb gibt es sehr viele Unterarten und neue Züchtungen: Bachminze, Ackerminze, Rossminze, Edelminze, Mojito-Minze, Marokkanische Minze, Apfelminze, Ananasminze, Zitronenminze und Katzenminze, um hier nur einige Beispiele zu nennen.
- Sie ist die weltweit am meisten genutzte Heilpflanze und wahrscheinlich auch eine der bekanntesten. Der Hauptwirkstoff der Pfefferminze ist das ätherische Öl Menthol.
- Aber nicht nur als Heilpflanze wird sie genutzt, auch in der Küche und Lebensmittelindustrie ist sie ein gern gesehener Gast. Was wären Kaugummi und Co. ohne den erfrischenden Geschmack von Pfefferminze. Hierzu wird meist das chemisch hergestellte Menthol verwendet.
- Menthol kommt auch in der Kosmetikindustrie zum Einsatz, Duschgel, Parfüm usw. werden oft durch den frischen Geruch verfeinert.
- In der Arzneimittelindustrie wird Menthol als Bestandteil von Hustenbonbons, Nasenspray, Erkältungsalben etc. verwendet.
- Pfefferminze wirkt sehr stark und sollte deshalb nicht über einen längeren Zeitraum eingenommen werden. Es kann auch den Magen reizen und sollte aus diesem Grund sofort abgesetzt werden, wenn sich die Symptome verschlimmern.
- Eine Studie der Uniklinik Kiel zeigte, dass Minzöl sehr gut bei Spannungskopfschmerzen helfen kann. Auf die Stirn und die Schläfen getupft, hemmt es die Schmerzrezeptoren. Der Effekt setzt nach etwa 15 Minuten ein, die Wirkung ist, laut Studie, vergleichbar mit Paracetamol und Acetylsalicylsäure.

Quecke
Agropyron repens

Harnwege, Niere, Haut, Stoffwechsel, Bewegungsapparat

Rezepturbezeichnung: Graminis rhizoma
Stammpflanze: Agropyron repens
Familie: Süßgräser (Poaceae)
HAB: Tricicum repens

Inhaltsstoffe:
Kieselsäure (hoher Anteil), Saponine, Mineralsalze (Kaliumsalze), Schleimstoffe, Vitamin A/B, Eisen, Kohlenhydrate, ätherisches Öl

Wirkrichtungen:
→ mild harntreibend
→ gegen Mikroorganismen, wie Pilze, Viren und Bakterien
→ leicht entzündungshemmend
→ Stoffwechselanregend
→ entgiftend
→ bindegewebsfestigend
→ wundheilungsfördernd

Indikationen:
Innerlich (ad usum Internum):
Pferd & Mensch:
→ entzündliche Erkrankungen der ableitenden Harnwege und der Niere
→ Nierengrieß (Durchspülungstherapie, ausreichend Flüssigkeitszufuhr!)
→ Ödeme bei Stoffwechselbedingten Leiden, wie Polyarthritis, Arthrose
→ Arthrose, Arthritis
→ Stoffwechselstörung
→ Fellwechsel
→ Bindegewebsschwäche
→ Hauterkrankungen
Pferd:
→ Prophylaxe Sommerekzem (4 Wochen vor Ekzemsaison mit Fütterung beginnen)
Mensch:
→ Vorbeugung Nierengrieß

Zubereitung, Anwendung, Darreichungsformen und Dosierung:
Innerlich:
Pferd:
Mazerationsdekokt:
→ 20–30 g täglich in 200–300 ml Wasser, 2–3 Stunden einweichen, dann kurz aufkochen lassen
Mensch:
Mazerationsdekokt:
→ Tagesdosis: 6–9 g auf 2–3 Gaben verteilt

Kontraindikation:
→ Ödeme aufgrund von Herz- und Niereninsuffizienz

Altes Wissen & Wissenswertes:
- Erste Erwähnung im Jahr 1543 im »New Kreuterbuch« von Tabernaemontanus.
- Quecke ist auf vielen Pferdeweiden anzutreffen. Bei den Bauern gilt sie allerdings als Unkraut, da sie sich stark ausbreitet und kaum wieder loszuwerden ist. Sie soll außerdem einen Stoff ausscheiden, der anderen Pflanzen den Gar ausmacht.
- Ihr Name steht für ihre Eigenschaft, sich schnell und stark auszubreiten. Quec = quick = lebendig oder auch queck = altdeutsch für kräftig und lebendig.
- Für Pferde ist sie eine gute Futterpflanze, durch ihre vielen Mineralien und Vitamine und den niedrigen Fruktangehalt.

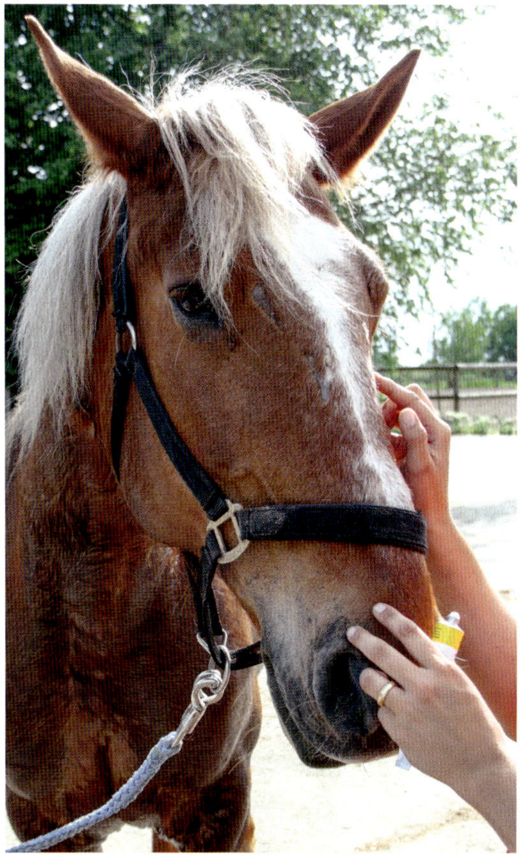

Ringelblume

Calendula officinalis

Haut, Bewegungsapparat

Rezepturbezeichnung: Calendulae flos
Stammpflanze: Calendula officinalis
Familie: Korbblütler (Asteraceae)
HAB: Calendula

Inhaltsstoffe:

Ätherisches Öl, Calendula-Sapogenin, Saponine, Glykoside, Bitterstoffe, Flavonoide, Schleimstoffe

Wirkrichtungen:

→ entzündungshemmend
→ wundheilungsfördernd
→ granulationsfördernd
→ gegen Ödeme
→ gegen Bakterien
→ pilzabtötend
→ gegen Viren

Indikationen:

Äußerlich (ad usum externum):

Pferd & Mensch:

→ Prellungen
→ Quetschungen
→ Wunden (entzündete, schlecht heilende, infizierte, blutende)
→ eitrige Wunden (Kompressen)
→ Verbrennungen
→ Geschwüre
→ Ekzeme (zum verheilen)
→ Pilzerkrankungen
→ Warzen
→ Insektenstiche
→ Entzündung Mundschleimhaut

Pferd:

→ Strahlfäule

Mensch:

→ Thrombophlebitis

Zubereitung, Anwendung, Darreichungsformen und Dosierung:

Äußerlich

Pferd & Mensch:

Infus:
→ 10 g auf 250 ml

Tinktur:
→ 1 : 5 – 1 : 10 mit Wasser verdünnen

Öl:
→ pur

Fertigpräparate Pferd:
→ Phlogasept®
→ Vulnoplant®
→ Wundbalsam®

Fertigpräparate Mensch:
→ Befelka Öl®
→ Calendula Wundsalbe®
→ Dermofast®

Altes Wissen & Wissenswertes:

- Die medizinische Verwendung von Ringelblumen reicht wahrscheinlich weit bis in die Antike zurück: Bei manchen alten Schriften ist es schwierig zu klären, ob Ringelblume, Löwenzahn oder Wegwarte gemeint sind.
- In der nordischen Mythologie ist die Ringelblume der Liebesgöttin Freya zugeordnet, später wurde sie dann der Mutter Gottes Maria unterstellt. Sie wurde in Liebestränken verwendet, um Liebe zu erzwingen.
- Eine andere enge Beziehung hat sie zum Tod. Im Christentum ist sie Sinnbild für Erlösung nach dem Tod und in Mexiko gilt sie als die Blume des Todes. Dort herrscht der Glaube, dass sie aus dem Blut der von den spanischen Eroberern erschlagenen Indianern entstanden ist.
- Der deutsche Name kommt sehr wahrscheinlich von der Form der Samen, sie sind geringelt wie eine Raupe.
- Die Ringelblume wirkt sehr sanft. Eine Ringelblumensalbe sollte in keiner Stallapotheke fehlen.

Rosmarinöl

Salvia rosmarinus

Bewegungsapparat

Rezepturbezeichnung: Rosmarini aetheroleum
Stammpflanze: Salvia rosmarinus
Familie: Lippenblütengewächse (Lamiaceae)

Inhaltsstoffe:

Ätherisches Öl mit Terpenen, Campher, Camphen und Borneol

Wirkrichtung:

→ hautreizend
→ durchblutungsfördernd

Indikationen:

Äußerlich (ad usum externum):
→ Muskelschmerzen
→ Gelenkschmerzen

Zusätzliche Indikationen Mensch:

Äußerlich (ad usum externum):
→ Rheuma

Zubereitung, Anwendung, Darreichungsformen und Dosierung:

Äußerlich
Pferd & Mensch:
Öl:
→ 10 % Rosmarinöl,
90 % Trägeröl
Fertigpräparate Mensch:
→ Retterspitz äußerlich®

Altes Wissen & Wissenswertes

- Rosmarin wurde 2020 von »Rosmarinus officinalis« in »Salvia rosmarinus« umbenannt, da DNA-Analysen eine verblüffende Verwandtschaft zum Salbei (Salvia) aufdeckten.
- Rosmarin wird seit der Antike angewendet und geschätzt.
- Besonders seine durchblutungsfördernde Wirkung und die Anregung auf den Kreislauf wird genutzt.
- Rosmarin ist natürlich auch ein wichtiger Bestandteil in der Küche, hier ist die Gewürzpflanze gerne in Kombination mit Kartoffeln im Einsatz. Er gehört zu einem der beliebtesten Küchenkräuter.

Salbei

Salvia officinalis

Magen, Darm, Atemwege, Immunsystem, Haut, Parasiten

Rezepturbezeichnung: Salvia folium
Stammpflanze: Salvia officinalis
Familie: Lippenblütler (lamiaceae)
HAB: Salvia officinalis

Inhaltsstoffe:

Ätherische Öle (z. B. Thujon, Cineol), Gerbstoffe, Flavonoide, Harze, Bitterstoffe

Wirkrichtungen:

→ entzündungshemmend
→ zusammenziehend
→ gegen Bakterien
→ gegen Pilze
→ gegen Viren
→ gegen übermäßigen Schweiß

Indikationen:

Innerlich (ad usum Internum):

Pferd & Mensch:

→ Infektiöse Magen-Darmerkrankungen
→ sehr hohe antibakterielle Wirkung (natürliches Antibiotikum)
→ Gastritis
→ Durchfall
→ Entzündungen obere Luftwege
→ Entzündungen im Mund/Rachenraum
→ zum Abstillen
→ Hauterkrankungen aller Art
→ Immunsystem stärkend
→ Ekzem

Pferd:

→ Strahlfäule

Mensch:

→ übermäßige Schweißbildung
→ Herpes simplex

Äußerlich (ad usum externum):

Pferd & Mensch:

→ Ekzem, Juckreiz lindernd, entzündet
→ begleitend bei Hautpilz
→ Insektenstiche
→ Insektenabwehr
→ Entzündungen der Mund- und Rachenschleimhaut
→ Wunden, entzündete, infizierte, Wundspülung

Pferd:

→ Mauke

Zubereitung, Anwendung, Darreichungsformen und Dosierung:

Innerlich:

Pferd:

→ 25–50 g täglich

Mensch:

Infus:

Tagesdosis: 4–6 g auf 2–3 Gaben verteilt

Äußerlich

Pferd & Mensch:

Dekokt:

→ 50 g mit 1 Liter Wasser aufkochen, Sud verwenden

Tinktur:

→ 1 : 5 mit Wasser verdünnen

Salbeiessig:

→ Rezept siehe Kapitel Herstellung von Kräuterpräparaten

Fertigpräparate Pferd:

→ Phlogasept®

Nebenwirkungen:

→ evtl. Magenreizung

Kontraindikationen:

→ Trächtigkeit, ist wehenfördernd

Altes Wissen & Wissenswertes:

- Die Anwendung von Salbei reicht weit in die Geschichte zurück, besonders im alten Griechenland wurde er als stärkendes, blutstillendes Mittel sehr geschätzt. In der aus dem Jahre 6000 vor Christus stammenden ägyptischen Bilderschrift gibt es eine Pflanze, die dem Salbei sehr ähnelt.
- Salbei war im Mittelalter eine der meist verwendeten Heilpflanzen.
- Der botanische Name »Salvia« leitet sich von salvara = heilen ab. Da Salbei als mächtige Pflanze mit enormer Heilwirkung betrachtet wurde, galt sie als das Sinnbild des ewigen Lebens. Den Zusatz »officinalis« bekamen Pflanzen mit hohem Ansehen von Apothekern.
- Salbei wurde als universelles Heilmittel in allen Hochkulturen eingesetzt: als Zaubermittel, Liebeskraut, zur Lebensverlängerung oder zur Abwehr von Wanzen und Mäusen. Natürlich auch zur Behandlung aller möglichen Erkrankungen.
- Ganz so mächtig ist Salbei nicht, aber durch seine starke Wirkung ist er eine sehr heilkräftige Pflanze.
- Seine Wirkung gegen Bakterien, Pilze und Viren ist sehr hoch und so konnte er in einer Studie am Menschen in Verbindung mit Rhabarber gegen Lippenherpes genauso gute Ergebnisse erzielen, wie die Behandlung mit Aciclovir, einem chemischen Herpesmittel.
- Zum Abstillen eignet sich Salbei auch, zum einen sorgt er dafür, dass weniger Milch produziert wird, zum anderen soll die Milch den Geschmack des Salbeis annehmen, was die Babys nicht mögen.
- Salbeiessig hat sich besonders bei der Behandlung von Hautpilzerkrankungen bewährt. Den Essig zwei bis drei Mal täglich großflächig auf die betroffenen Stellen auftragen. In der Kombination mit Thymian und/oder Rhabarber ist die Heilwirkung sogar noch größer. Das Rezept für Kräuteressige siehe Seite 156.

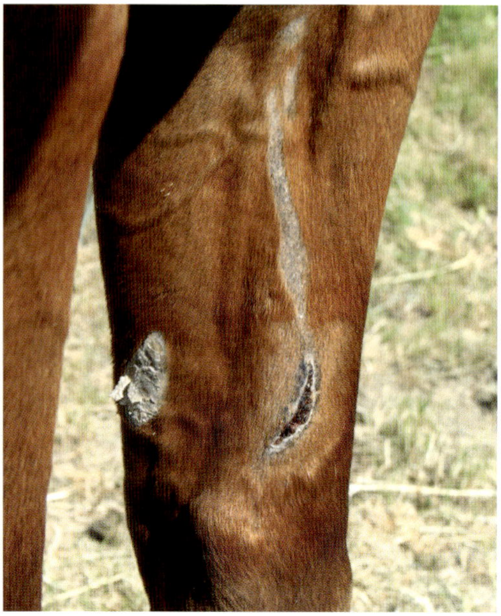

Sanddornöl
Hippophae rhamnoides

Haut

Rezepturbezeichnung: Oleum hippophae rhamnoides
Stammpflanze: Hippophae rhamnoides
Familie: Ölweidengewächse (Elaeagnaceae)

Inhaltsstoffe:
→ Fettes Öl, Vitamin A, B1, B2, B6, B9, B12, C, K, E, Mineralstoffe, Spurenelemente

Wirkrichtungen:
→ hautpflegend
→ hautberuhigend
→ hautregenerierend
→ entzündungshemmend
→ antibakteriell

Indikationen:
Äußerlich (ad usum externum):
→ Wunden, entzündete
→ Geschwüre
→ Ekzeme, entzündete, trockene
→ Verbrennungen, Sonnenbrand
→ Narben
→ Erfrierungen
→ Nesselsucht

Zusätzliche Indikationen Mensch:
Äußerlich (ad usum externum):
→ Akne

Zubereitung, Anwendung, Darreichungsformen und Dosierung:
Äußerlich
Pferd & Mensch:
→ betroffene Stellen, mehrmals täglich mit dem puren Öl behandeln

Altes Wissen und Wissenswertes:

- Sanddorn hat eine lange Tradition im asiatischen Raum. In der TCM (traditionelle chinesische Medizin) werden alle Teile der Pflanze verwendet.
- In früheren Zeiten setzte man Sanddorn auch als Augenmittel bei Pferden ein, was wohl zum botanischen Namen Hippophae, von griechisch hippos = Pferd und phaos = Licht, führte.
- Besonders bei Narben hat das Öl einen pflegenden Einfluss und kann ihre Spannung und Heilung positiv beeinflussen.

Schafgarbe

Achillea millefolium

Magen, Darm, Gefäßsystem

Rezepturbezeichnung: Millefolii herba
Stammpflanze: Achillea millefolium
Familie: Korbblütler (Asteraceae)
HAB: Millefolium

Inhaltsstoffe:

Ätherische Öle (verwandt mit dem Öl der Kamille, z.B. Chamazulen), Bitterstoffe (Achilein), Flavonoide, Gerbstoffe, Mineralien, Cumarine

Wirkrichtungen:

→ entzündungshemmend
→ verdauungsfördernd
→ sekretionsfördernd
→ krampflösend
→ leicht bakterienabtötend
→ blutstillend
→ leicht harntreibend
→ adstringierend (äußerlich)

Indikationen Pferd:

Innerlich (ad usum Internum):

Pferd & Mensch:

→ Anregung der Sekretbildung in den Verdauungsdrüsen
→ Appetitlosigkeit
→ Blähungen, Gasansammlung im Bauch
→ Gefäßtherapeutikum
→ Durchblutungsstörungen
→ schlechte Verdauung

Pferd:

→ Hufrollenentzündung
→ Hufrehe (durchblutungsfördernd in den oberflächennahen Gefäßen)

Mensch:

→ Menstruationsbeschwerden, sie harmonisiert hier

Äußerlich (ad us externum):

Pferd & Mensch:

→ Wunden (schlecht heilende, blutende)
→ Blutungen
→ gegen Fliegen
→ allergische Hauterkrankungen

Altes Wissen & Wissenswertes:

- Auch die Schafgarbe ist eine Heilpflanze, die schon sehr lange verwendet wird. Sie wurde besonders, wahrscheinlich wegen ihrer blutstillenden Wirkung, bei Verletzungen und Wunden eingesetzt. Dies brachte ihr auch die Namen Soldatenkraut, Beilhieb und Stichkraut ein.
- Die Schafgarbe wurde auch als Frauenkraut bezeichnet und trug den Beinamen »Augenbraue der Venus«. Sprichwort: »Schafgarbe im Leib, tut Wohl jedem Weib.«
- Der Duft der Schafgarbe ist sehr markant, wenn man ihre Blätter verreibt, kann man das riechen. Hat man den Geruch einmal verinnerlicht, wird man künftig die Schafgarbe zuverlässig erkennen. Da die Blätter Ähnlichkeit mit verschiedenen anderen Pflanzen haben, ist die Bestimmung über den Geruch sehr hilfreich.
- Der deutsche Name Schafgarbe ergab sich, da Schafe die häufig vorkommende Pflanze sehr gerne fressen.
- Wölfe und Gämsen wurden dabei beobachtet, wie sie sich bei Verletzungen in Schafgarbe wälzten. Diese Beobachtungen haben wohl dazu geführt, dass sich der Einsatz der Schafgarbe bei Verletzungen etablierte.
- Die Schafgarbe ist eine wertvolle Bitterstoffpflanze. Bitterstoffe kommen in unserer Nahrung nur wenig vor, sind aber sehr wichtig für unsere Gesundheit. Eine mehrtägige Schafgarbenkur, zum Beispiel nach dem guten, fettreichen Essen in der Weihnachtszeit, tut unserem Körper gut.

Zubereitung, Anwendung, Darreichungsformen und Dosierung:

Innerlich:

Pferd:

→ 10–25 g täglich

Mensch:

Infus:

Tagesdosis: 4–5 g auf 2–3 Gaben verteilt

Äußerlich

Pferd & Mensch:

Dekokt:

→ 50 g mit 1 Liter Wasser aufkochen

Kontraindikation:

→ Magen-Darm-Geschwüre

→ Allergie gegen Korbblütler

Nebenwirkungen:

→ Hautausschlag, vor allem bei frischen Pflanzen

→ Gastritis, die Einnahme sollte sich auf 4 Wochen beschränken.

Schwarzkümmelöl

Nigella sativa

Haut

Pressöl
Rezepturbezeichnung: Nigelli oleum
Stammpflanze: Nigella sativa
Familie: Hahnenfußgewächse (Ranunculaceae)
HAB: Nigella sativa

Inhaltsstoffe:

→ Nigellin, fettes Öl, ätherisches Öl (Thymol, Carvon, Borneol), Vitamine

Wirkrichtungen:

→ stoffwechselanregend
→ immunstimulierend
→ milchfördernd
→ immunmodulierend
→ blutzuckersenkend

Indikationen:

Innerlich (ad usum internum):
Pferd & Mensch:
→ Husten, allergischer
→ Allergien
→ Hautprobleme
→ Immunsystem normalisierend
→ Allergische Hautprobleme (Ekzem)
Mensch:
→ Diabetes (in Absprache mit dem Therapeuten)
→ Bluthochdruck (in Absprache mit dem Therapeuten)

Äußerlich (ad usum externum):
Pferd & Mensch:
→ Ekzem, entzündet
→ allergische Hauterkrankungen

Zubereitung, Anwendung, Darreichungsformen und Dosierung:

Innerlich:
Pferd:
Öl:
→ 20–30 ml täglich über das Futter
Fertigpräparate:
→ Derbymed Bronchopulmin®
Mensch:
Öl:
→ Tagesdosis: 1–3 ml Öl auf 2 Gaben verteilen
Samen:
→ Tagesdosis 1,5–3 g auf 2 Gaben verteilen
Äußerlich:
→ 2 x täglich auf die betroffenen Stellen auftragen

Altes Wissen & Wissenswertes:

- Die Anwendung des Schwarzkümmels hat eine sehr lange Tradition, die Ägypter nannten ihn auch das Gold der Pharaonen, im Grab des berühmten Tutanchamun fand sich ein Fläschchen mit Schwarzkümmelöl.
- Mohammed soll gesagt haben: »Schwarzkümmel heilt jede Krankheit außer den Tod.«
- Er geriet dann lange Zeit in Vergessenheit und wurde durch den deutschen Arzt Peter Schleicher wieder populär. Das Pferd seiner Tochter erkrankte an schwerem Asthma und bekam Cortison. Ein ägyptischer Tierarzt empfahl ihm, Schwarzkümmelsamen ins Futter zu geben. Er hatte Araberpferde in seiner Heimat bei ähnlichen Erkrankungen damit helfen können. Bei der Stute von Schleichers Tochter kam es schnell zur Verbesserung der Symptome.
- Es gibt mittlerweile eine große Anzahl an Studien, die am Menschen durchgeführt wurden, fast alle haben gute Ergebnisse erzielt. Schwarzkümmel ist eine sehr wertvolle Pflanze mit einer großen Bandbreite an Heilwirkungen, die immer weiter erforscht wird.

Sonnenhut

Echinacea purpurea

Immunsystem, Harnwege, Atemwege, Haut

Rezepturbezeichnung: Echanicea herba
Stammpflanze: Echanicea purpurea
Familie: Korbblütler (Asteraceae)
HAB: Echinacea

Inhaltsstoffe:

ätherisches Öl, Ketoalkene, Flavonoide, Kaffeesäure, Polysaccharide, Harze , Bitterstoffe

Wirkrichtung:

- → gegen Viren
- → gegen Bakterien
- → Steigerung der Phagozytoserate
- → pilzabtötend
- → entzündungshemmend
- → immunmodulierend
- → wundheilungsfördernd

Indikationen:

Innerlich (ad usum Internum):

Pferd & Mensch:

- → Stimulierung der unspezifischen Immunabwehr, bei Atemwegsinfekten
- → begleitend bei chronischen rezidivierenden Atemwegsinfekten
- → begleitend bei chronisch rezidivierenden Harnwegsinfekten
- → akute Harnwegsinfekte
- → allgemein bei Entzündungen, auch am Bewegungsapparat

Mensch:

- → Grippeartige Infekte
- → Herpes simplex

Äußerlich (ad usum externum):

Pferd & Mensch:

- → oberflächliche Wunden mit schlechter Heilungstendenz

Zubereitung, Anwendung, Darreichungsformen und Dosierung:

Innerlich:

Pferd:

→ 15–20 g täglich

Mensch:

Fertigpräparate:

Tagesdosis: 900 mg Trockenextrakt, Einnahme je nach Präparat

Presssaft:

Tagesdosis: 6–9 ml auf 2–3 Gaben aufteilen

Äußerlich

Pferd & Mensch:

Tinktur:

→ 1 : 10 mit Wasser verdünnen

Fertigpräparate Mensch:

→ Echinaceasalbe oder -creme

Nebenwirkungen:

→ Magen-Darmreizungen
→ allergische Reaktionen
→ Fieber
→ Schüttelfrost

Kontraindikationen:

→ Fieber = → steigt sonst
→ Allergien
→ Trächtigkeit
→ Autoimmunerkrankungen
→ MS
→ HIV

Altes Wissen & Wissenswertes:

- Sonnenhut stammt ursprünglich aus Nordamerika, bei den Native Americans, besonders bei den Dakota, Sioux, Omaha und den Oto war der schmalblättrige Sonnenhut sehr beliebt.
- Er wurde von den Native Americans bei fieberhaften Erkrankungen, Schlangenbissen und Wunden angewendet.
- Nach Europa kam der Sonnenhut erstmal als Zierpflanze, seine Heilwirkung wurde erst später bekannt.
- Sein botanischer Name Echinacea leitet sich von echinus = Igel ab und wurde wahrscheinlich wegen der Blütenform gewählt. Auch der Name Sonnenhut bezieht sich auf sein Aussehen.
- Echinacea spielt auch in der Homöopathie eine wichtige Rolle. 1885 beobachtete ein Homöopath eine Squaw, die die Pflanze zwischen ihren Fingern zerquetschte und den gewonnenen Saft bei Wunden verwendete. So begann die Erforschung des Sonnenhutes für die Homöopathie.
- Die Studienlage zur Echinacea ist etwas widersprüchlich, in manchen Studien wird die Wirkung am Menschen belegt, in anderen nicht. Es kommt wohl stark auf die Dosierung, die Art und die verwendeten Pflanzenteile an.
- Keine Daueranwendung, es empfiehlt sich eine Stoßtherapie über 5–7 Tage. Bei Fieber darf Sonnenhut nicht angewendet werden, da er dieses durch seine immunstimulierende Wirkung noch steigern kann.

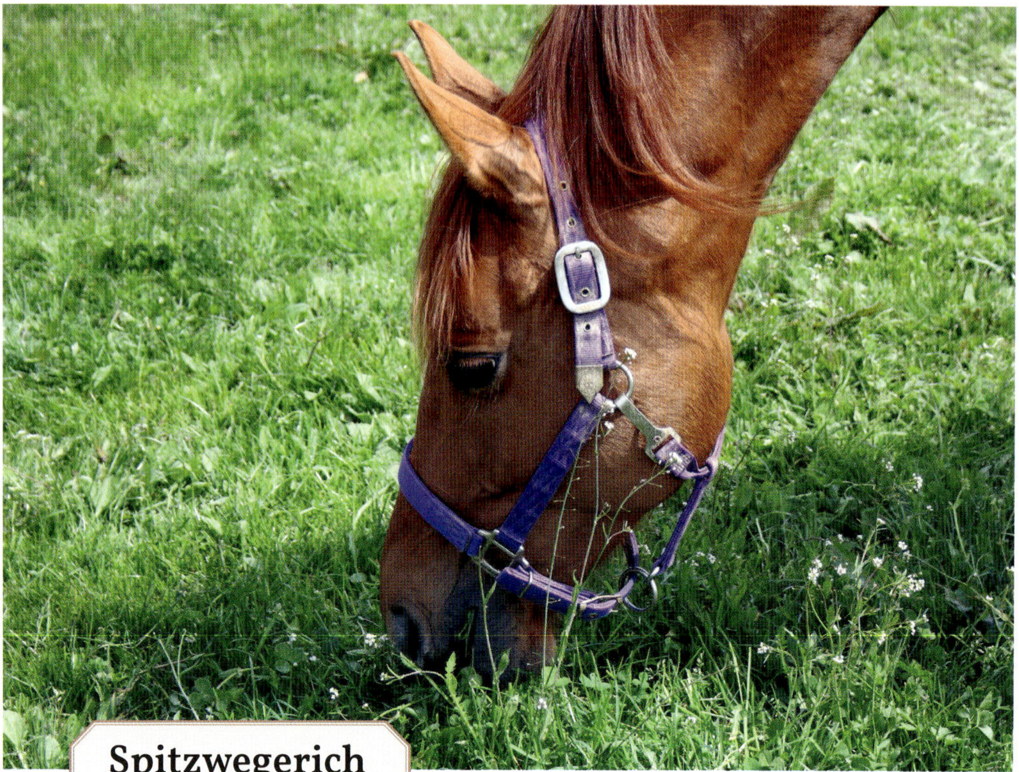

Spitzwegerich
Plantago lanceolata

Atemwege, Haut

Rezepturbezeichnung: Plantaginis lanceolatae herba
Stammpflanze: Plantago lanceolata
Familie: Wegerichgewächse (Plantaginaceae)
HAB: Plantago lanceolata

Inhaltsstoffe:
Schleimstoffe, Gerbstoffe, Bitterstoffe, Glycoside (z.B. Aucubin, Catalpol), Pflanzensäuren, Kieselsäure (stabilisiert das Lungengerüst), Mineralien (z.B. Zink)

Wirkrichtungen:
→ reizlindernd
→ antibakteriell
→ zusammenziehend
→ entzündungshemmend
→ wundheilungsfördernd
→ appetitanregend

Indikationen

Innerlich (ad usum Internum):

Pferd & Mensch:

→ Bronchitis
→ Entzündungen der oberen Luftwege
→ Reizhusten
→ Entzündungen im Mund- und Rachenraum
→ Appetitlosigkeit
→ auch zur Vorbeugung bei Hustenanfälligkeit, vor allem im Winter

Äußerlich (ad usum externum):

Pferd & Mensch:

→ Entzündete Haut mit Juckreiz
→ Insektenstiche
→ ältere schlecht heilende, entzündete Wunden
→ Prellungen
→ Blutergüsse
→ Quetschungen

Zubereitung, Anwendung, Darreichungsformen und Dosierung:

Innerlich:

Pferd:

Infus:

→ 30–60 g täglich

Mensch:

Infus:

Tagesdosis: 3–6 g täglich auf 3–4 Gaben verteilt

Äußerlich

Pferd & Mensch:

Frischsaft:

→ 1 : 2 mit Wasser verdünnt

Umschläge:

→ 6 g auf 150 ml Wasser, 15 Minuten ziehen lassen, abkühlen lassen

Altes Wissen & Wissenswertes:

- Spitzwegerich wird seit der Antike als Hustenmittel, aber auch bei allerlei äußerlichen Beschwerden verwendet. Hierzu zählten Wunden, Blutflüsse, Tierbisse und Stiche.
- Bei Stichen ist der Spitzwegerich eine gute erste Hilfe. Die Blätter zu einem Brei zerkauen und auf die betroffene Stelle auftragen. Die Schmerzen lassen nach und auch die Schwellung geht zurück.
- Die positive Wirkung auf die Haut lässt sich unter anderem wohl auch dadurch erklären, dass Spitzwegerich viel Zink enthält, was für die innerliche wie äußerliche Behandlung von Hautleiden gut ist. Aber auch die antibakterielle Wirkung bei äußerlicher Anwendung ist erwähnenswert.
- Sein botanischer Name plantago bedeutet Sohle. Zu dem Namen kam es, da die schleimigen Samen des Spitzwegerichs an den Sohlen hängen geblieben sind und die Pflanze sich so verbreitet hat. Eine andere Erklärung für den Namen geht auf die Verwendung der Breitwegerichblätter zurück. Sie wurden früher bei langen Wanderungen in die Schuhe gelegt, um ein Wundlaufen zu verhindern.
- Der von seinen Inhaltsstoffen fast identische Breitwegerich wird nicht oft für Heilzwecke verwendet.
- Selbst in William Shakespeares Tragödie »Romeo und Julia« wird der Wegerich als Heilmittel bei einem lädierten Bein erwähnt.

Stiefmütterchen, Wildes

Viola tricolor

Haut

Rezepturbezeichnung: Violae herba cum flores
Stammpflanze: Viola tricolor
Familie: Veilchengewächse (Violaceae)
HAB: Viola tricolor

Inhaltsstoffe:

Flavonoide, Schleimstoffe, Saponine, Vitamin C, Salicylsäure, Gerbstoffe, Bitterstoffe

Wirkrichtungen:

→ entzündungshemmend
→ kortisonähnlich
→ schmerzlindernd
→ reizlindernd
→ stoffwechselfördernd

Indikationen:

Innerlich (ad usum internum):
Pferd & Mensch:
→ Stoffwechselstörungen
→ Fellwechsel
→ Hautprobleme
→ Ekzem
→ Schweißekzem
→ Allergien
Mensch:
→ Milchschorf
→ Akne
→ Neurodermitis
Äußerlich (ad usum externum):
Pferd & Mensch:
→ Ekzeme, entzündet
→ Verbrennungen
→ Schmerz- und Reizlinderung
→ Talgdrüsenentzündung

Zubereitung, Anwendung, Darreichungsformen und Dosierung:

Innerlich:
Pferd:
→ 20 g täglich
Mensch:
Infus:
Tagesdosis: 4,5 g auf 3 Gaben verteilt
Äußerlich
Pferd & Mensch:
Infus:
→ 10 g auf 300 ml Wasser
Fertigpräparate:
→ Befelka Öl®
Tinktur:
→ 1 : 5 mit Wasser verdünnen
Öl:
→ pur auftragen

Altes Wissen & Wissenswertes:

- 1485 wurde das Wilde Stiefmütterchen zum ersten Mal nachweislich erwähnt, damals noch unter dem Namen Freisamkraut. Freisam hat einen Bezug zu Fraisen, was epileptische Anfälle bei Kindern beschrieb, hiergegen wurde Stiefmütterchen eingesetzt.
- Der Name Stiefmütterchen leitet sich von der Blütenform ab, oben sind die Töchter, dann die Stieftöchter und das große Blütenblatt unten stellt die Stiefmutter dar.
- Die zarte Pflanze wird und wurde besonders gerne bei Kindern angewendet, allerdings muss die Tinktur immer verdünnt werden.
- Bei Hauterkrankungen über einen längeren Zeitraum, etwa drei Monate, verabreichen.

Teufelskralle

Harpagophytum procumbens

Bewegungsapparat

Rezepturbezeichnung: Harpagophyti radix
Stammpflanze: Harpagophytum procumbens
Familie: Pedaliengewächse (Pedaliaceae)

Altes Wissen & Wissenswertes:

- Die Teufelskralle stammt ursprünglich aus Südafrika und kam zu Beginn des 20. Jahrhunderts nach Europa. Wann genau ihre Heilwirkung entdeckt wurde, ist unklar, sie wurde in Afrika wohl schon seit langer Zeit bei Magen- und Darmbeschwerden verwendet.
- Die Hauptwirkstoffe der Teufelskralle sind die Iridoidglykoside Harpagid und Harpagosid, die beiden Stoffe sind auch für die schmerzlindernde Eigenschaft maßgeblich.
- Teufelskralle stellt laut Studien am Menschen eine echte Alternative zu synthetischen Schmerzmitteln dar und hat dabei deutlich weniger Nebenwirkungen.
- Ihre Wirkung wurde mit Phenylbutazon und Diclofenac verglichen, das Ergebnis war, dass die antientzündliche Wirkung vergleichbar mit Phenylbutazon war und der schmerzlindernde Effekt sogar höher als bei Diclofenac war.
- Bei der Gabe von Teufelskralle sollte darauf geachtet werden, dass es sich hierbei um ein schmerzstillendes Mittel handelt und so Lahmheiten überdeckt werden können. So besteht die Gefahr einer Überanstrengung.

Inhaltsstoffe:

Bitterstoffe, freie Zimtsäure, Flavonoide

Wirkrichtungen:

→ appetitanregend
→ choleretisch
→ entzündungshemmend
→ schmerzlindernd

Indikationen:

Innerlich (ad usum internum):
Pferd & Mensch:
→ Schmerzen im Bewegungsapparat
→ chronische Entzündungen
→ Arthritis, Arthrose
→ Muskelschmerzen
→ Neuralgien
→ Appetitlosigkeit
→ Knochenhautentzündung
Pferd:
→ Hufrollenentzündung
→ Spat
→ Schale
Mensch:
→ Hexenschuss
→ Rheuma

Zubereitung, Anwendung, Darreichungsformen und Dosierung:

Innerlich:
Pferd:
5–10 g getrocknete Wurzel pro 100 kg Körpergewicht
Fertigpräparate:
→ je nach Herstellerangabe
Mensch:
Fertigpräparate:
Tagesdosis: 800–2400 mg Trockenextrakt entspricht 50–100 mg Harpagosid

Thymian
Thymus vulgarus

Atemwege, Magen, Darm

Rezepturbezeichnung: Thymi herba
Stammpflanze: Thymus vulgarus
Familie: Lippenblütler (Lamiaceae)
HAB: Thymus vulgarus

Inhaltsstoffe:
Ätherische Öle (Thymol), Gerbstoffe, Saponine, wenige Bitterstoffe, Flavonoide

Wirkrichtungen:
→ krampflösend
→ antibakteriell
→ auswurffördernd
→ Sekretlösend
→ appetitanregend

Indikationen:
Innerlich (ad usum Internum):
Pferd & Mensch:
→ Akute und chronische Bronchitis bis zu asthmatischen Beschwerden
→ Krampfartiger Husten, mit festsitzendem Schleim
→ Belebend für Magen und Darm
Pferd:
→ wurmtreibend
Mensch:
→ Keuchhusten

Äußerlich (ad usum externum):
Pferd & Mensch:
→ Husten
→ Hautpilz
Pferd:
→ Strahlfäule

Zubereitung, Anwendung, Darreichungsformen und Dosierung:
Innerlich:
Pferd:
Infus:
→ 5–15 g täglich
→ nicht länger als 3 Wochen geben
Fertigpräparate Pferd:
→ Derbymed Bronchopulmin®
→ Sekrosan® Liquid
Mensch:
Infus:
→ 1–2 g mehrfach täglich
Äußerlich
Pferd & Mensch:
Dekokt:
→ 50 g Kraut mit 1 Liter Wasser aufkochen
Öl:
→ 1 : 5 mit Trägeröl verdünnen
Fertigpräparat Mensch:
→ Retterspitz äußerlich®

Nebenwirkungen:
→ Bei Überdosierung, kann es zu Durchfall und Magenreizung kommen.

Kontraindikationen:
→ Trächtigkeit
→ Fohlen
→ Nierenentzündung
→ Lebererkrankungen
→ Herzerkrankungen

Altes Wissen & Wissenswertes:

- Die beliebte Gewürz- und Heilpflanze wird seit über 4000 Jahren genutzt, ob in Ägypten als Bestandteil der Einbalsamierung, bei den Griechen als Räuchermittel oder im Mittelalter als Allheilmittel. Thymian ist und war seit jeher beliebt.
- Über die Alpen gelangte er im 11. Jahrhundert nach Mitteleuropa und wurde hier schnell heimisch.
- Thymian war 2006 die Arzneipflanze des Jahres, er gilt bei Erkältungskrankheiten als hochwirksam.
- Der Thymian wird genau wie die Melisse eng mit Bienen in Verbindung gebracht, Bienen fliegen die kleinen zarten Blüten sehr gerne an.
- Der botanische Name Thymus ist eine Ableitung vom griechischen Wort für Räuchern »thyein«.

Wegwarte
Cichorium intybus

Leber, Niere, Magen, Darm, Haut

Rezepturbezeichnung: Cichorii herba, radix
Stammpflanze: Cichorium intybus
Familie: Korbblütler (Asteracea)
HAB: Cichorium intybus

Inhaltsstoffe:
Bitterstoffe, Mineralien (hoher Anteil), Gerbstoffe, Inulin, etwas Ätherische Öle.

Wirkrichtungen:
→ regt Galleproduktion an
→ regt Galleausschüttung an
→ Stimulierung der Bauchspeicheldrüse
→ Anregend für Magen, Darm, Leber, Niere und Milz
→ bindet Schwermetalle

Indikationen
Innerlich (ad usum Internum):
Pferd & Mensch:
→ Leberkräftigung
→ regt die Nierentätigkeit an
→ Milzstärkend
→ Stoffwechselprobleme
→ Appetitlosigkeit
→ Arthrose
→ Hauterkrankungen, Wunden, Entzündungen

Zubereitung, Anwendung, Darreichungsformen und Dosierung:
Innerlich:
Pferd:
→ 20–30 g täglich
Mensch:
Mazerationsdekokt:
Tagesdosis: 3 g auf 1–3 Gaben verteilt nehmen

Nebenwirkungen:
→ Allergische Reaktionen

Altes Wissen & Wissenswertes:

- Die Wegwarte wird schon sehr lange als Heil- und Zauberpflanze angewendet. Viele Märchen und Sagen ranken sich um die zartblaue Blüte.
- Sie gilt in vielen Märchen als verzauberte Jungfrau, die am Wegesrand auf ihren Liebsten wartet. Sie ist ein Sinnbild für Liebe, Treue und Standhaftigkeit, was aber mit vergeblichem Warten verbunden war.
- Die Blüten öffnen sich mit den ersten Sonnenstrahlen und schließen sich schon am Nachmittag wieder.
- Die Farbe der Blüten schwank immer etwas von kräftigem Hellblau bis Zartblau. Selten gibt es auch weiße Blüten, die besonders zauberkräftig sein sollen. Wenn man die Blüten in Essig legt, dann werden sie rot. Dieser Effekt wird durch die Wirkung der Säure auf den Zellsaft ausgelöst.
- Wegwartenwurzeln wurden früher als Kaffeeersatz genutzt, auch bekannt unter dem Namen »Muckefuck« oder Zichorienkaffee.
- Der botanische Name Cichorium klingt nicht nur durch Zufall so ähnlich wie der Salat Chicorée, er ist nur eine leicht züchterisch veränderte Variante der Wegwarte. Auch Endivien- und Radicchio-Salat basieren auf der Wegwarte.
- Die Wurzel kann auch als Gemüse ähnlich der Schwarzwurzel verarbeitet werden.
- Nicht bei Rehepferden anwenden, da Wegwarte viel Fruktan enthält.

Weißdorn

Crataegus monogyna

Herz, Kreislauf

Rezepturbezeichnung: Crataegi folium, flos, fructus
Stammpflanze: Crataegus monogyna
Familie: Rosengewächse (Rosacea)
HAB: Cratagus

Inhaltsstoffe:

Flavonoide (Hyperosid, Rutin), Procyanidine (beeinflussen Kalziumhaushalt), Pflanzensäuren

Wirkrichtung:

→ positiv inotrop und dromotrop
→ negativ bathmotrop
→ durchblutungsfördernd am Herzen
→ ausgleichend auf die Gefäßwiederstände
→ ökonomisiert die O2-Bilanz am Herzen
→ antiarrhythmisch

Indikationen:

Innerlich (ad usum Internum):
Pferd & Mensch:
→ Kreislaufstörungen und -probleme
→ Herzinsuffizienz
→ Altersherz
→ Gefäßerkrankungen am Herzen
→ begleitend bei Rhythmusstörungen
→ Blutdruckregulation
Pferd:
→ Hufrehe
→ Hufrollenentzündung
Mensch:
→ Bluthochdruck
→ Arteriosklerose Prophylaxe

Zubereitung, Anwendung, Darreichungsformen und Dosierung:

Innerlich:
Pferd:
→ 15–25 g täglich
Fertigpräparate:
→ Crataegus ad. us. vet.®
Mensch:
Infus:
Tagesdosis 5 g auf 2–3 Gaben verteilen
Fertigpräparate:
Tagesdosis: 160–900 mg Trockenextrakt, je nach Indikation nur in Absprache mit einem Therapeuten anwenden.

Altes Wissen & Wissenswertes:

- Weißdorn wird am besten als Monopräparat verabreicht.
- Eine Dauergabe zur Herz-Kreislaufunterstützung ist zu empfehlen, Weißdorn ist eines der wenigen Kräuter, bei dem es auch bei einer Dauergabe zu keiner Gewöhnung kommt.
- Erstmal wurde er Anfang des 13. Jahrhunderts erwähnt, die Wirkung auf das Herz wurde erst in der zweiten Hälfte des 19. Jahrhunderts dokumentiert.
- Weißdorn wurde früher, wie die Hagebutte (gemeine Heckenrose), als natürlicher Zaun gepflanzt, um Schafherden z.B. vor Wölfen zu schützen, aber auch, um Dämonen fernzuhalten. Deshalb ist er auch unter den Namen Zaundorn und Hagedorn bekannt.
- In vielen Märchen spielt der Weißdorn eine Rolle als Schlafdorn, er versetzt Menschen in den Schlaf. Es wird deshalb vermutet, dass der Dorn im bekannten Märchen Dornröschen der Brüder Grimm ein Dorn des Weißdornes war.

Zaubernuss
Hamamelis virginiana

Haut

Rezepturbezeichnung: Hamamellidis folium et cortex
Stammpflanze: Hamamelis virginiana
Familie: Zaubernussgewächse (Hamamelidaceae)
HAB: Hamamelis

Inhaltsstoffe:
Gerbstoffe, ätherisches Öl, Flavonoide

Wirkrichtungen:
→ zusammenziehend
→ entzündungshemmenden
→ lokal blutstillend
→ sekretionshemmend
→ gewebeverdichtend
→ kapillarpermeabilitätshemmend
→ mild oberflächenanästhesierend
→ juckreizstillend

Indikationen:
Äußerlich (ad usum externum):
Pferd & Mensch:
→ Prellungen
→ Quetschungen
→ Muskelschmerzen
→ Wunden, entzündete und schlecht heilende
→ Geschwüre
→ Hautentzündungen, nässend
→ Ekzem, mit Juckreiz, nässend
Pferd:
→ Satteldruck
Mensch:
→ Neurodermitis
→ Hämorrhoiden
→ Krampfadern

Zubereitung, Anwendung, Darreichungsformen und Dosierung:
Äußerlich
Pferd & Mensch:
Infus:
→ 25 g auf 250 ml
Tinktur:
→ 250 ml Wasser, 25 Tropfen Tinktur
Fertigpräparate Pferd:
→ Vulnoplant®
→ Phlogasept®
Fertigpräparate Mensch:
→ Dermofast®

Altes Wissen & Wissenswertes:
- Hamamelis stammt aus Nordamerika und war dort bei den Native Americans eine wichtige Heilpflanze. Anfang des 18. Jahrhunderts wurde sie nach Europa importiert und verbreitete sich hier rasch.
- Die Native Americans sahen die Zaubernuss als mächtige und sehr heilkräftige Pflanze an, sie verwendeten sie bei Wunden, Verletzungen, Verbrennungen und Schwellungen.
- In Amerika wird sie auch »witch hazel«, »Hexenhasel« genannt, da eine gewisse Ähnlichkeit mit der Haselnuss besteht.

Rezepte, Tipps und Kuren

Kräuteröle

Die Herstellung von Kräuterölen ist sehr einfach und schnell. Die fertigen Kräuteröle eignen sich zur puren Anwendung oder als Bestandteil von Salben, Cremes etc.

Was wird benötigt?

Ein durchsichtiges Glas mit Verschluss, eine dunkle Flasche, hochwertiges kaltgepresstes Öl, frische Kräuter.

Vorgehensweise

Frische Kräuter in ein durchsichtiges Glas füllen. Kräuter mit dem hochwertigen kaltgepressten Öl übergießen, bis alles bedeckt ist. Eine Woche lang unverschlossen in die Sonne stellen (am besten im Haus, sonst muss man das Öl nachts reinstellen, damit keine Nachtfeuchtigkeit in das Glas gelangt). Ab der zweiten Woche das Glas mit einem Deckel verschließen und weitere drei Wochen in der Sonne stehen lassen. Das Öl abseihen und in eine dunkle Flasche füllen.

Haltbarkeit

Das Öl ist ca. 6 Monate haltbar.

Geeignete Pflanzen

Minze, Melisse, Arnika, Johanniskraut, Ringelblume, Kamille, Rosmarin, Königskerze, Nelken, Kiefernnadeln, Lavendel, Thymian, Eibisch etc. Welche Pflanzenteile verwendet werden sollten, steht unter dem Punkt »Rezepturbeschreibung« der einzelnen Kräuter.

Tinkturen

Auch Tinkturen lassen sich sehr schnell und einfach herstellen, außerdem haben sie den Vorteil, dass sie lange haltbar sind. Tinkturen werden immer verdünnt angewendet. Der Grad der Verdünnung ist unterschiedlich. Informationen dazu finden Sie unter dem Punkt »Zubereitung, Anwendung, Darreichungsformen und Dosierung« im Heilpflanzenportrait der jeweiligen Pflanze.

Was wird benötigt?

Ein durchsichtiges und ein dunkles Glas mit Verschluss, frische oder getrocknete Pflanzen, Alkohol 35–50 %.

Vorgehensweise

Frische oder getrocknete Pflanzen klein schneiden und das durchsichtige Glas mit ihnen füllen. Mit Doppelkorn oder 35–50-prozentigem Alkohol übergießen, sodass alle Kräuter bedeckt sind. Das Ganze drei bis vier Wochen an einem warmen Ort ziehen lassen, dann abseihen und in ein dunkles Glas umfüllen. Je nach Tinktur vor Bedarf mit Wasser verdünnen.

Haltbarkeit

Die Tinktur ist ca. ein Jahr haltbar.

Geeignete Pflanzen

Beinwell, Salbei, Arnika, Knoblauch etc.

Kräuteressig

Kräuteressig wird genauso hergestellt wie die Tinktur. Statt Alkohol wird allerdings Obst- oder Weinessig verwendet.

Haltbarkeit

Kräuteressig ist ca. ein Jahr haltbar.

Geeignete Pflanzen

Thymian, Salbei, Knoblauch, Melisse, Lavendel etc.

Johanniskrautöl färbt sich nach wenigen Tagen rötlich; daher kommt auch der Name Rotöl.

Die Herstellung von Salben und Cremes

Geeignete Pflanzen für die Haut

Avocadoöl, Brennnessel, Eichenrinde, Frauenmantel, Grüne Teeblätter, Johanniskrautblüten, Kamille, Klettenwurzeln, Knoblauchzehen, Lavendel, Nachtkerzenöl, Ringelblumenblüten, Salbeiblätter, Stiefmütterchenkraut, Zaubernuss (Hamamelis)

Für Gelenke und Muskeln

Arnikablüten, Beinwellblätter und -wurzeln, Campher, Fichtennadeln, Pfefferminze, Rosmarin, Zaubernuss (Hamamelis)

Aus all diesen Kräutern lassen sich jetzt je nach Bedarf Wundsalben, eine Salbe gegen Juckreiz etc. zusammenstellen.
Von allen Kräutern kann man sowohl die Kräuter selbst (getrocknet oder frisch) als auch das Kräuteröl, das verdünnte ätherische Öl oder die Tinktur verwenden.

Aufbewahrung und Haltbarkeit

Fertige Salben/Cremes sollten am besten im Kühlschrank aufbewahrt werden. Dort sind sie ca. drei bis sechs Monate haltbar. Salben mit Tinkturanteilen sind durch den Alkohol etwas länger haltbar.

Sobald die Salbe/Creme anfängt, ranzig zu riechen oder zu schimmeln, darf sie auf gar keinen Fall weiter verwendet werden.

Salbenherstellung

Zur Salbenherstellung eignen sich keine mineralischen Fette und Öle (wie z. B. Melkfett oder Vaseline), da diese nicht in die Haut eindringen, sondern lediglich einen Schutzfilm bilden. Dies hat zur Folge, dass auch die therapeutisch wirksamen Substanzen nicht in die Haut eindringen können. Salben sind aufgrund ihres hohen Fettgehaltes besonders gut für chronische Hauterkrankungen geeignet, da sie die Haut schützen. Allerdings dringen sie nicht so tief ein wie eine Creme.

Grundrezept

Salbe mit getrockneten oder frischen Kräutern
Zutaten: 200 ml Olivenöl, 20 g getrocknete oder 40 g frische Kräuter, 20 g Bienenwachs (gerieben oder Plättchen) und 20 g Lanolin

Zubereitung:

Kraut oder Blüten ca. 15 Minuten auf kleiner Flamme im Olivenöl erwärmen. Wurzeln oder Rinde ca. 45 Minuten erwärmen. Kräuter

absieben und gut auspressen. Öl wieder in den Topf geben, Bienenwachs und Lanolin hinzugeben und schmelzen lassen. Den Topf vom Herd nehmen und die Masse noch weitere 20 Minuten rühren.
Die etwas abgekühlte Masse in Salbendöschen füllen, mit Namen und Datum beschriften. Fertig ist das Grundrezept.

Cremeherstellung

Cremes dringen besser in die Haut ein, schützen die Haut aber nicht so gut gegen Umwelteinflüsse. Sie eignen sich besonders bei entzündlichen Hauterkrankungen.
Nachdem die betroffene Hautstelle mit Creme behandelt wurde, kann man natürlich je nach Bedarf danach eine Salbe zum Schutz der Haut auftragen.

Grundrezept

Creme mit Tinktur, Kräutertee und/oder Öl
Zutaten: 6 Tl Bienenwachs, 200 ml Öl (entweder Kräuteröl oder neutrales Mandelöl), 8 Tl Lamecreme, 80 ml Tinktur oder Kräutertee (für den Tee 40 g Kräuter mit kochendem Wasser übergießen, warten, bis der Tee erkaltet ist, dann die Kräuter absieben und ausdrücken).

Alle Salbengrundlagen bekommt man in der Apotheke.

Zubereitung:
Bienenwachs, Lamecreme und Mandelöl im Wasserbad erwärmen. Parallel dazu die Tinktur/den Tee erwärmen und beides mischen.

Kräutershampoos

Kräutershampoos sollten immer nur frisch in der benötigten Menge angemischt werden, da sie nicht lange haltbar sind (ca. eine Woche) und sich der Tee nach kurzer Zeit wieder vom Shampoo absetzt.
Deshalb gilt: Falls das Shampoo etwas länger nicht verwendet wird, vor dem Gebrauch gut schütteln.

Zubereitung:
Infus aus 10 g Kräutern und 50 ml Wasser herstellen, lange ziehen lassen, Kräuter abseihen und dann mit 50 ml Shampoo mischen.

Geeignete Pflanzen
Klettenwurzel, Brennnessel, Kamille, Birke, Ringelblume, Salbei, Frauenmantel, Stiefmütterchen, Grüner Tee etc.

Hustensaft

Zwei Hände voll frische Fichtenspitzen, drei Hände voll Spitzwegerich, zwei Hände voll Salbeiblätter und eine Hand voll Thymiankraut in einen Topf geben und mit Wasser bedecken. Als Alternative zu frischen Kräutern können auch getrocknete genutzt werden. Eine Stunde lang bei kleiner Flamme köcheln und über Nacht stehen lassen.
Am nächsten Tag alles durch ein feines Sieb schütten und die Kräuter ausdrücken. Pro Liter Wasser 400 g braunen Kandiszucker hinzufügen, noch einmal für vier bis fünf Stunden köcheln lassen und heiß in Gläser abfüllen. Der fertige Saft ist etwa 12 Monate haltbar. Der Reiter nimmt 3–4 Teelöffel, 3 × tgl. zu sich, das Pferd 30–40 ml pro Tag.

Hustenleckerlis

Hustenleckerlis lassen sich mit wenig Aufwand schnell selbst herstellen. Die Kräuter in dieser kleinen Menge bekommen Sie in Ihrer Apotheke oder auch in manchen Drogerien oder Naturkostläden als Teekräuter.

Die Zutaten für 2 bis 3 Backbleche
(je nach Größe der Leckerlis):
750 g Mehl
75 g Leinsamen
20 g Spitzwegerichkraut
je 10 g Thymiankraut, Fenchel- und Anissamen
ca. 450 ml Wasser, sehr warmes

Vermischen Sie alle Zutaten zu einem Teig. Rollen Sie den noch warmen Teig aus in etwa 1,5 bis 2 cm dicke Würste. Es ist wichtig, den Teig sofort komplett zu verarbeiten, da er sich im warmen Zustand am besten rollen lässt.
Dann schneiden Sie die Würste in etwa 2 bis 3 cm große Stücke und legen sie auf ein Backblech, vorab mit Backpapier auslegen. Die Leckerlis kommen für 80 Minuten bei 170° Ober- und Unterhitze auf die mittlere Schiene des Backofens. Danach müssen die Leckerlis noch zwei Tage austrocknen. Sie halten sich anschließend bis zu einem Jahr. Hustenleckerlis sind im Übrigen auch ein schönes Weihnachtsgeschenk.

Weitere Rezepte finden Sie im Buch Naturheilkundliche Stallapotheke für Pferde von Kaja Grundmeyer.

Tipps für Kräuter im Garten, Stall und auf der Weide

Natürlich eignen sich alle Heilkräuter zur Bepflanzung rund um den Stall und im Garten, doch einige Heilpflanzen sind nicht nur nützlich, sondern sind z. B. wertvolle Küchenkräuter, schattenspendende Bäume, tragen Früchte oder sehen einfach nur wunderschön aus.

Gewürzkräuter in Garten und Küche

Anis, Eukalyptus, Fenchel, Kapuzinerkresse, Knoblauch, Koriander, Kümmel, Lavendel, Meerrettich, Melisse, Pfefferminze, Rosmarin, Salbei, Thymian

Heilkräuter als Nahrung

Artischocke, Brombeere, Cayennepfeffer, Fenchel, Himbeere, Meerrettich, Walnuss

Bäume, Sträucher, Hecken

Birke, Brombeere, Eibisch, Eiche, Eukalyptus, Ginkgo, Hagebutte, Hopfen, Kapuzinerkresse, Linde, Lorbeer, Sanddorn, Walnuss, Weißdorn, Zaubernuss

Blühende Beetpflanzen

Arnika, Augentrost, Bärentraube, Beinwell, Enzian, Frauenmantel, Goldrute, Hauhechel, Johanniskraut, Kamille, Kapuzinerkresse, Königskerze, Lavendel, Malve, Nachtkerze, Mönchspfeffer, Ringelblume, Sonnenhut, Stiefmütterchen
Verschiedene Hersteller bieten Kräutersaatgutmischungen an, die sich zum Mischen mit der normalen Grassaat eignen. Das Mischungsverhältnis sollte, genauso wie die Zeit der Einsaat, je nach Hersteller berücksichtigt werden.
Kräutersaatgut erhalten Sie u.a. bei:
www.masterhorse.de oder
www.kraeuterwiese.de

Kräuterkuren

Natürlich ist es immer besser, eine individuelle Kur für sein Pferd zusammenzustellen. Allerdings ist dies vielleicht aus Zeit- oder anderen Gründen nicht immer möglich. Aus diesem Grund finden Sie in diesem Kapitel die bewährtesten Kuren aus der Praxis, die durchaus auch als Anregung für eigene Kuren dienen können.

Kräuterkur für alte Pferde

Zur allgemeinen Unterstützung von alten Pferden.

Indikationen:

→ altersbedingte Organschwächen und Leiden

Kräuter: berechnet für ein Warmblut. Tägliche Gabe von 60 g. Kurdauer ca. 5–6 Wochen.

Weißdorn	100 g
Brennnessel	320 g
Löwenzahn	300 g
Knoblauch	200 g
Bockshornklee	350 g
Schafgarbe	180 g
Wegwarte	100 g

Kräuterkur bei Arthrose

Begleitend bei Arthrose, am besten in Kombination mit Fertigpräparaten.

Indikationen:

→ Arthrose, Arthritis, Spat

Kräuter: Berechnet für ein Warmblut. Tägliche Gabe von 60 g. Kurdauer ca. 6 Wochen.

Brennnessel	500 g
Knoblauch	300 g
Löwenzahn	450 g
Quecke	300 g
Birke	550 g
Wegwarte	350 g

Kräuterkur für die Atemwege

Zur allgemeinen Unterstützung der Atemwegsfunktion.

Indikationen:

→ Entzündungen der oberen Atemwege
→ Husten-Prophylaxe
→ begleitend bei Atemwegserkrankungen

Kräuter: Berechnet für ein Warmblut. Tägliche Gabe von 60 g. Kurdauer ca. 4–5 Wochen.

Königskerze	350 g
Spitzwegerich	450 g
Fenchel	200 g
Salbei	400 g
Andorn	150 g
Bibernelle	250 g

Kräuterkur zur Unterstützung beim Fellwechsel

Indikationen:

→ zur Unterstützung des Fellwechsels

Kräuter: Berechnet für ein Warmblut. Tägliche Gabe von 60 g. Kurdauer ca. 4 Wochen.

Brennnessel	400 g
Klebkraut	270 g
Stiefmütterchen	180 g
Frauenmantel	100 g
Quecke	270 g
Bockshornklee	450 g

Zusätzlich Leinöl über das Futter geben.

Kräuterkur für die Haut

Zur Prophylaxe und als begleitende Behandlung beim Sommerekzem.

Indikationen:

→ Ekzem/Sommerekzem, als Prophylaxe und begleitende Therapie
→ Hautentzündungen
→ Hautprobleme aller Art

Kräuter: Berechnet für ein Warmblut. Tägliche Gabe von 60 g. Kurdauer ca. 5–6 Wochen.

Brennnessel	400 g
Klebkraut	270 g
Stiefmütterchen	180 g
Frauenmantel	100 g
Quecke	270 g
Birke	400 g
Salbei	400 g
Knoblauch	240 g

Zusätzlich äußerlich behandeln!

Kräuterkur fürs Immunsystem

Unterstützt das Immunsystem

Indikationen:

- → Pferden mit geschwächtem Immunsystem
- → schlecht heilende Wunden und Verletzungen
- → Entzündungen aller Art

Kräuter: Berechnet für ein Warmblut. Tägliche Gabe von 60 g. Kurdauer ca. 4 Wochen.

Birke	350 g
Hagebutte	280 g
Kapuzinerkresse	100 g
Knoblauch	200 g
Löwenzahn	280 g
Meerrettich	200 g
Salbei	350 g

Kräuterkur zur Unterstützung der Leber

Zur allgemeinen Unterstützung der Leberfunktion.

Indikationen:

- → leberbedingte Verdauungs- oder Hautprobleme
- → nach längerer Medikamentengabe
- → begleitend bei Lebererkrankungen

Kräuter: Berechnet für ein Warmblut. Tägliche Gabe von 60 g. Kurdauer ca. 4 Wochen.

Mariendistel	650 g
Artischocke	200 g
Löwenzahn	350 g
Wegwarte	300 g
Schafgarbe	250 g

Stoffwechselkur

Unterstützt den allgemeinen Stoffwechsel.

Indikationen:

- → Pferde mit Stoffwechselproblemen
- → als Frühjahrs- oder Herbstkur
- → unterstützend bei den verschiedensten Erkrankungen
- → bei alten Pferden

Kräuter: Berechnet für ein Warmblut. Tägliche Gabe von 60 g. Anwendungszeit ca. 4 Wochen.

Brennnessel	300 g
Birke	350 g
Gänseblümchen	200 g
Quecke	200 g
Löwenzahn	300 g
Klebkraut	200 g

Verdauungskur

Zur allgemeinen Unterstützung der Verdauung.

Indikationen:

- → bei Verdauungsproblemen
- → zur Stärkung des Magen-Darm-Traktes
- → bei Kotwasser

Kräuter: Berechnet für ein Warmblut. Tägliche Gabe von 60 g. Kurdauer ca. 4 Wochen.

Andorn	150 g
Fenchel	200 g
Knoblauch	250 g
Schafgarbe	200 g
Salbei	400 g
Hopfen	400 g

Anhang Giftplanzen

Einführung

Heilkräuter haben in vieler Hinsicht einen großen Nutzen für unsere Pferde, sie lindern Krankheiten, helfen den Tieren gesund zu werden oder gesund zu bleiben.
Es gibt aber auch sogenannte Giftpflanzen, die durch verschiedene Inhaltsstoffe, die sie vor Fressfeinden schützen, giftig für Pferde sind. Sie wachsen genau wie Heilkräuter und andere Pflanzen in der freien Natur oder sind beliebte Garten-, Zier- und Heckenpflanzen. Ihr regionales Auftreten und ihre Häufigkeit sind, bedingt durch Bodenbeschaffenheit, Klima etc., sehr unterschiedlich.
Die nachfolgende Tabelle gibt lediglich einen Überblick über die häufigsten Giftpflanzen. Zur näheren Information empfiehlt es sich, Fachliteratur zu diesem Thema zu sichten.

Giftpflanzen in der Homöopathie, Schulmedizin und Kräuterheilkunde

Bereits Paracelsus stellte fest: »Die Dosis macht das Gift.« Diese Aussage trifft auch bei vielen Giftpflanzen zu, denn man findet sie trotz allem häufig in der Homöopathie und Schulmedizin als Heilmittel.
Ein interessantes Beispiel für Giftpflanzen in der Homöopathie ist die Tollkirsche (HAB = Bella donna). Sie ist eine der wichtigsten Mittel der Homöopathie, denn ab einer gewissen Potenzierung wirkt die Tollkirsche nicht mehr giftig, sondern heilend.

Alle innerlich verwendbaren homöopathischen Mittel, die aus giftigen Pflanzen gewonnen werden, sind für den Laien erst ab einer bestimmten Potenz (Verdünnung) erhältlich, in der eine Schädlichkeit auf den Organismus ausgeschlossen werden kann. Nur ein Arzt darf niedrigere Potenzen verschreiben oder verabreichen.
Eine der bekanntesten Giftpflanzen in der Schulmedizin ist der Fingerhut (Digitalis). Er ist ein gutes Beispiel dafür, wie eng die Grenzen zwischen Heilmittel und Gift liegen.
Digitalis ist in Form von Fertigpräparaten in der Behandlung einiger Herzerkrankungen beim Menschen gar nicht mehr wegzudenken, jedoch kann schon eine minimale Überdosierung tödlich verlaufen. Auch in der Kräuterheilkunde gibt es einige Fertigpräparate, die zum Teil giftige Pflanzen enthalten, wie z. B. die Eichenrinde bei Durchfallerkrankungen. Eichenrinde hat eine absolut positive Wirkung auf Durchfallerkrankungen. Allerdings sind die Nebenwirkungen stärker als bei anderen Heilkräutern, die bei Durchfall angewendet werden können, da die Pflanze leicht giftig ist.
Auch in der Literatur und im Internet finden sich immer wieder Hinweise zur innerlichen Verwendung giftiger Pflanzen bei Pferden. Hier ist äußerste Vorsicht geboten, denn solange sich eine unschädlichere Alternative anbietet, sollte ganz auf – auch wenn nur leicht – giftige Kräuter verzichtet werden. Wenn man sie doch füttern möchte, dann sollte dies nur unter tierärztlicher Aufsicht geschehen.

Wo kann ein Pferd Giftpflanzen zu sich nehmen?

Giftpflanzen begegnen unseren Pferden viel häufiger, als man sich vorstellen kann. Aus diesem Grund ist es für den Pferdebesitzer umso wichtiger, die häufigsten Giftpflanzen zu kennen.

1. Auf der Weide
Hier besteht die größte Gefahr, aber nicht nur durch Giftpflanzen, die dort wachsen, sondern auch durch Spaziergänger, die aus Unwissenheit den Pferden giftige Pflanzen füttern. Eine weitere Gefahr sind Gartenabfälle von giftigen Pflanzen oder Hecken, die, in der Annahme, etwas Gutes zu tun, in die Koppel geschüttet werden. Um dies zu verhindern, sprechen Sie unbedingt mit allen Gartenbesitzern in der Nähe Ihrer Koppeln.

2. Im Stall und in der Stallumgebung
Auf vielen Reitanlagen findet man giftige Pflanzen, zum Beispiel als Kübelpflanzen oder Hecken.

3. Auf Ausritten
Es sollte immer darauf geachtet werden, dass die Pferde nicht an Pflanzen und Hecken fressen oder in ihrer Nähe angebunden werden.

4. Hackschnitzel auf Reitplätzen, Paddocks etc.
Hackschnitzel stellen eine oft unterschätzte Gefahr dar, denn es kommt immer wieder vor, dass sich giftige Pflanzen in den Hackschnitzeln befinden.

Wie äußert sich eine Vergiftung?

Die Symptome einer Vergiftung sind je nach Pflanze sehr unterschiedlich. Manche Pflanzen wirken allein schon durch Kontakt schädlich (Kontaktgifte), andere erst nach der innerlichen Aufnahme der Pflanze.
Bei einer Vergiftung kommen meist mehrere Symptome zusammen. Oft ist die Abgrenzung

Klee

zu anderen Erkrankungen für den Laien sehr schwierig, deshalb sollte bei Auftreten der unten genannten Symptome immer zuerst der Tierarzt informiert und dann genau überlegt werden, wo sich das Pferd in den letzten Stunden aufgehalten hat und was es gefressen haben könnte.

Die häufigsten Vergiftungssymptome

1. Bereich Herzkreislauf / Atmung / Allgemeinzustand / ZNS:
Veränderung des Herzschlages und der Atmung, allgemeine Kreislaufprobleme, Unruhe, Schwitzen, Taumeln, Ataxien, Lähmungen, Speicheln, blasse Schleimhäute, Fieber oder Untertemperatur etc.

2. Bereich Verdauungstrakt / Niere / ableitende Harnwege:
Kolik, Durchfall, Verstopfung, Blut in Kot und Urin, verändertes Harnverhalten (zu viel, zu wenig), Gelbverfärbung der Schleimhäute

3. Bereich Haut / Schleimhaut:
Ödeme, Rötungen, Fotosensibilisierung, Bläschen, Quaddeln, Nesselsucht, offene Stellen,

Schleimhaut Verfärbungen (gelb oder blass), Augenreizungen

4. Sonstige Symptome:
Hufrehe, Abort, Fruchtbarkeitsstörungen, Verhaltensänderungen

Wie geht man bei einer Vergiftung vor?

Um Vergiftungen zu vermeiden, sollte man alle Koppeln und die Stallanlage auf Giftpflanzen hin kontrollieren. Außerdem ist bei Ausritten darauf zu achten, dass die Pferde an keinen Pflanzen fressen.

Sollte es dennoch zu einer Vergiftung kommen oder der Verdacht einer Vergiftung bestehen, sind folgende Dinge zu tun:

1. Weitere Giftpflanzenaufnahme verhindern
2. Tierarzt rufen
3. Pferd nicht füttern, Wasser anbieten, das Pferd sollte absolute Ruhe haben, nicht zur Bewegung zwingen
4. Für den Tierarzt sind folgende Angaben, auch wenn sie nicht vollständig sind, wichtig:

a. Welche Pflanze wurde gefressen?
b. Wie viel wurde aufgenommen?
c. Wann wurde die Pflanze gefressen?

Giftnotruf

Um weitere Informationen bei einer akuten Vergiftung zu erhalten, empfiehlt es sich, eine der regionalen Giftnotrufzentralen anzurufen. Die meisten Zentralen kennen sich auch mit Vergiftungen von Tieren aus, ein Anruf kann daher eine große Hilfe darstellen.

Weitere Informationen erhalten Sie auch unter: www.vetpharm.unizh.ch. Hier befindet sich eine umfangreiche Giftpflanzendatenbank der Uni Zürich.

GIFTNOTRUFNUMMERN!

Berlin
(zuständig für Berlin, Brandenburg):
030 192 40

Bonn (zuständig für NRW):
0228 192 40

Erfurt (zuständig für Mecklenburg-Vorpommern, Sachsen, Sachsen-Anhalt und Thüringen):
0361 730 730

Freiburg
(zuständig für Baden-Württemberg):
0761 192 40

Göttingen (zuständig für Niedersachsen, Bremen, Hamburg und Schleswig-Holstein):
0551 192 40

Homburg 06841-19240

Mainz (zuständig für Rheinland-Pfalz, Hessen und das Saarland):
06131 192 40

München (zuständig für Bayern):
089 192 40

Giftnotruf Österreich,
Vergiftungsinformationszentrale:
01 406 43 43
(aus dem Ausland: +43 1 406 43 43)

Giftnotruf Schweiz, Tox-Info Suisse/ Schweizerisches Toxikologisches Informationszentrum (STIZ):
145
(gibt es mit der Nummer 145 Probleme oder aus dem Ausland: +41 44 251 51 51)

Im Zweifelsfall können Sie europaweit die Nummer des **Rettungsdienstes** wählen: **112!**

Name	Giftigkeit	Giftige Pflanzenteile	Giftige Dosis	Sonstiges, Merkmale
Ackerbohne (Saubohne)	++	Bohnen, Blütenstaub	unbekannt	Todesfälle bekannt
Ackerschachtelhalm	+	gesamte Pflanze H	unbekannt, größere Mengen	bei leichten Fällen, nur Abmagerung, Schwäche und Abfall der Temperatur
Adlerfarn	+++	gesamte Pflanze H	2–3 kg tgl. über ca. 3 Wochen sind tödlich	schädlich wenn die tägliche Futtermenge zu 20 % aus Farn besteht
Adonisröschen	++	gesamte Pflanze H	unbekannt	Pflanze steht unter Naturschutz
Arnika	++	gesamte Pflanze H	unbekannt	äußerlich nicht giftig
Aronstab	+++	gesamte Pflanze	unbekannt	tödlich giftig
Bärlauch	++	gesamte Pflanze	unbekannt	erst in großen Mengen schädlich
Beinwell	(+)	gesamte Pflanze	sehr große Mengen, über längere Zeit	äußerliche Anwendung unschädlich
Berberitze	(+)	gesamte Pflanze, außer Beeren	unbekannt	
Bingelkraut	++	gesamte Pflanze H	unbekannt	Vorsicht bei Koppeln am Waldrand
Bilsenkraut	+++	gesamte Pflanze	ab 180 g tödlich	Pferde fressen sie wegen ihrem Geruch meist nicht, deshalb sind Vergiftungen selten.
Blasenstrauch	+	Samen und Blätter	unbekannt	
Blauregen	+	gesamte Pflanze	unbekannt	sehr beliebte Gartenpflanze
Bocksdorn	++	gesamte Pflanze	ab 200 g tödlich	Zierpflanze
Bohne	++	rohe Früchte	ab ca. 500 g schädlich	
Buche	+++	Früchte, Blätter, Knospen und Rinde	300–1000 g Buchecker tödlich	Weiden sollten auf Buchenbestand untersucht werden

Name	Giftigkeit	Giftige Pflanzenteile	Giftige Dosis	Sonstiges, Merkmale
Buchsbaum	+++	gesamte Pflanze	ab 700 g tödlich	
Buschwindröschen	++	gesamte Pflanze	unbekannt	selten tödlich
Buchweizen	++	gesamte Pflanze H	unbekannt	führt zu Fotosensibilität
Christrose	+++	gesamte Pflanze	ab 8 g Wurzel tödlich	Winterblüher
Eberesche	(+)	Früchte	große Mengen wirken schädlich	getrocknete und gekochte Früchte sind ungefährlich
Efeu	+	gesamte Pflanze	unbekannt	auch im Winter grün, deshalb da besonders verlockend für Pferde, Hautreizend!
Eibe	+++	gesamte Pflanze	ab 100 g tödlich	Tod oft schon nach Minuten
Eiche	+ - ++	gesamte Pflanze	große Mengen über längere Zeit.	äußerliche Anwendung ist unbedenklich, zum Teil wird die Rinde in Form von Fertigpräparaten bei Durchfall verwendet.
Einbeere	(+)	gesamte Pflanze	unbekannt	Vergiftungen selten
Eisenhut	+++	gesamte Pflanze	200–400 g tödlich	Symptome schon nach wenigen Minuten
Engelstrompete	+++	gesamte Pflanze	unbekannt	sehr verbreitete Zierpflanze
Essigbaum	(+)	gesamte Pflanze	unbekannt	in Gärten zu finden
Faulbaum	+	gesamte Pflanze	unbekannt	nur leichte Vergiftungen
Flachs / Lein	+	Samen, Keimpflanze	ab ca. 2 kg tgl. schädlich	20 min kochen zerstört alle giftigen Stoffe, Fertigpräparate sind ebenso unbedenklich
Fliegenpilz	++	gesamte Pflanze	unbekannt	wird selten gefressen
Fingerhut	+++	gesamte Pflanze H	25 g trockene / ab 100 g frische tödlich	besonders gefährlich im Heu, da Fingerhut getrocknet noch giftiger ist
Frühlingsknotenblume / Märzenbecher	+	Zwiebel und Blätter	unbekannt	

Name	Giftigkeit	Giftige Pflanzenteile	Giftige Dosis	Sonstiges, Merkmale
Ginster	+	gesamte Pflanze	unbekannt	besonders gefährlich für tragende Stuten
Giftsumach	+++	gesamte Pflanze	unbekannt	Hautreizend, kann bei Augenkontakt zur Erblindung führen.
Glockenbilsenkraut	+++	gesamte Pflanze	ab 180 g tödlich	wächst meist in Waldnähe
Goldregen	+++	gesamte Pflanze, besonders Samen	250-300 g tödlich	auch getrocknet noch giftig
Gundelrebe	++	gesamte Pflanze H	unbekannt	Todesfälle selten
Hahnenfussgewächse	+	gesamte Pflanze	unbekannt	häufig vorkommende Wiesenblume
Hanf	+	Blätter und Blüten	unbekannt	Hanfstroh führt nicht zu Vergiftungen
Heckenkirsche	+	Beeren	unbekannt	Beeren sind sehr schmackhaft
Herbstzeitlose	+++	gesamte Pflanze H	unbekannt	auch im Heu sehr gefährlich
Hundspetersilie	+++	gesamte Pflanze	Große Menge ab 10 kg schädlich	kann auch tödlich wirken
Hundszunge	+ - ++	gesamte Pflanze	unbekannt	auch getrocknet noch giftig
Jakobskreuzkraut	+++	gesamte Pflanze H	kleinere Mengen giftig, größere tödlich	besonders gefährlich im Heu, chronische Vergiftungen möglich
Johanniskraut	+	gesamte Pflanze H	unbekannt	Führt unter anderem zur Fotosensibilität, äußerlich angewandt nicht giftig.
Kartoffel	++	gesamte Pflanze, Knolle	unbekannt	
Kirschlorbeer	++	gesamte Pflanze	ab 500 g schädlich, ab 1 kg tödlich	oft als Hecke verwendet
Klee	+ - ++	gesamte Pflanze	unbekannt	kann unter anderem zu Hufrehe, Fruchtbarkeitsstörungen und Fotosensibilität führen

Name	Giftigkeit	Giftige Pflanzenteile	Giftige Dosis	Sonstiges, Merkmale
Knallerbse (Schneebeere)	+	Beeren	unbekannt	führt zu leichten Magen-Darm-Symptomen hautreizend
Kornrade	++	gesamte Pflanze, besonders Samen	unbekannt	
Liguster	+++	Beeren, Blätter, Rinde	100–150 g tödlich	gerne als Hecke verwendet
Lupine	+ - ++	Samen, Blätter H	unbekannt	chronische Vergiftung möglich
Maiglöckchen	+++	gesamte Pflanze	unbekannt	tödliche Verläufe bekannt
Mistel	+	gesamte Pflanze	unbekannt	
Mohn, Klatsch-, Schlaf-	+ - ++	gesamte Pflanze H	unbekannt	Schlafmohn ist gefährlicher
Nachtschattengewächse	++	gesamte Pflanze	unbekannt	
Nieswurz	+++	gesamte Pflanze, besonders Wurzel H	ab 300 g Wurzel tödlich	besonders im Heu gefährlich
Oleander	+++	gesamte Pflanze	15–20 g tödlich	oft als Kübelpflanze verwendet
Osterglocken und Tulpen	+	gesamte Pflanze, besonders Wurzel	unbekannt	
Pfaffenhüttchen	+++	gesamte Pflanze, besonders Früchte	schon kleine Mengen können tödlich wirken	
Raps	++	Samen, Rückstände der Ölherstellung	unbekannt	Todesfälle bekannt
Rhododendron	++	gesamte Pflanze	unbekannt	
Riesenbärenklau	+	gesamte Pflanze, besonders Saft	unbekannt	Achtung hautreizend!
Rittersporn	++	gesamte Pflanze	unbekannt	
Rizinus	+++	Blätter und Samen	60 g Samen tödlich	Im Rizinusöl ist der giftige Stoff Ricin nicht enthalten, da dieser nicht fettlöslich ist.

Name	Giftigkeit	Giftige Pflanzenteile	Giftige Dosis	Sonstiges, Merkmale
Robinie, Akazie	+++	gesamte Pflanze	ab ca. 70 g schädlich, ab 150 g tödlich	Die Pflanze ist für Pferde sehr schmackhaft.
Rosskastanie	++	gesamte Pflanze	unbekannt	kann zum Tod führen
Sadebaum	+++	gesamte Pflanze	ab 200 g schädlich	Achtung hautreizend! Todesfälle bekannt
Sauerampfer, großer	(+)	gesamte Pflanze H	unbekannt	häufig vorkommende Weidepflanze
Schierling, gefleckter	+++	gesamte Pflanze	3–5 kg tödlich	Vorsicht das Aussehen ähnelt dem der Schafgarbe
Schöllkraut	++	gesamte Pflanze	ab 500 g Symptome	schwere Vergiftungen sind selten
Schwalbenwurz	+	gesamte Pflanze	unbekannt	
Seidelbast, gemeiner	+++	gesamte Pflanze, besonders Rinde	30 g Rinde oder Beeren tödlich	Achtung hautreizend!
Stechapfel	+++	gesamte Pflanze, besonders Samen	unbekannt	kann zum Tode führen
Stechpalme	++	Beeren und Blätter	unbekannt	
Steinklee	++	gesamte Pflanze H	40 g Cumarin (Inhaltstoff) tödlich	Besonders im Heu in Verbindung mit Schimmel-pilzen gefährlich.
Sumpfdotterblume	+	gesamte Pflanze	unbekannt	Wird auch als Butterblume bezeichnet.
Sumpf-Schachtelhalm	+++	gesamte Pflanze H	unbekannt	tödliche Verläufe bekannt
Sumpf-Schwertlilie	+	gesamte Pflanze, besonders Wurzel	unbekannt	Steht unter Naturschutz in Gewässernähe
Tabak, virginischer	+++	gesamte Pflanze	kann ab 300 g tödlich sein	beliebte Gartenpflanze
Tannengewächse	++	gesamte Pflanze	unbekannt	besonders gefährlich für tragende Stuten
Thuja	+++	gesamte Pflanze	unbekannt	sehr häufige Heckenpflanze

Name	Giftigkeit	Giftige Pflanzenteile	Giftige Dosis	Sonstiges, Merkmale
Tollkirsche	+++	gesamte Pflanze	Samen ab 10 g schädlich, ab 125 g tödlich	200–300 g Blätter tödlich
Tomate	(+)	Kraut und unreife Früchte	unbekannt	
Walnuss	++	Rinde, Holz, Fruchtschalen	unbekannt	Todesfälle bekannt, besondere Vorsicht bei Walnusskernholz
Wasserrebendolde/ Wasserfenchel	++	gesamte Pflanze	kann ab 250 g Wurzel tödlich sein	wächst nur in Gewässern, Tümpeln etc.
Wasserschierling	+++	gesamte Pflanze, besonders Wurzel	ein Stück Wurzel kann tödlich sein	wächst in Gewässernähe
Wurmfarn	+	Blattstiel + Wurzel	unbekannt	
Wicke (Platterbse)	+	gesamte Pflanze	unbekannt	
Zaunrübe (Bryonia)	+++	gesamte Pflanze, besonders Beeren	unbekannt	alle Arten (weiße, schwarze, rote) sind giftig,
Zwergholunder	+	gesamte Pflanze, besonders Früchte	unbekannt	Der große Holunder ist ungefährlich für Pferde
Zwiebel	+	Zwiebel	ab 5 g pro Körpergewicht gefährlich	Vergiftungen sind sehr selten, da Pferde nicht oft mit ihnen in Kontakt geraten.
Zypressenwolfsmilch	++	gesamte Pflanze H	unbekannt	besonders im Heu gefährlich, da die frische Pflanze im Normalfall kaum gefressen wird

(+) schwach giftig

\+ giftig

++ stark giftig

+++ sehr stark giftig

H = auch im Heu noch giftig

Adonisröschen

Aronstab

Bärlauch

Berberitze

Bilsenkraut

Blauregen

Buche

Buschwindröschen

Eberesche

Eibe

Eisenhut

Engelstrompete

Essigbaum

Fliegenpilz

Fingerhut

Ginster

Goldregen

Herbstzeitlose

Klee

Knallerbse

Pfaffenhütchen

Riesenbärenklau

Schöllkraut

Stechapfel

Danke

Die Neuauflage dieses Buches ist dank einiger lieber Menschen zu etwas ganz Besonderem geworden.
Die wunderschönen Zeichnungen stammen von Dorothea Buchheim, sie hat es mit ihrem außergewöhnlichen Talent geschafft, den Pflanzenbildern Leben einzuhauchen. »Doro, du bist einzigartig!«
Meine Lektorin Claudia König war wieder eng an meiner Seite und gemeinsam haben wir tolle Ideen für diese Neuauflage entwickelt. »Danke für das Vertrauen und die Unterstützung.«
Die Innengestaltung hat Julia Wagner harmonisch und sehr schön umgesetzt. »Ich würde mich freuen, wenn das nicht unser letztes gemeinsames Buchprojekt gewesen ist.«
Da sich mein Pferdefoto-Archiv hauptsächlich auf »Füchse« beschränkt, musste ich mir etwas Hilfe holen. Lea Schneider und Jessica Verstege waren sofort bereit, mir einige schöne Bilder zur Verfügung zu stellen. »Danke Euch, Ihr habt die »Fuchsdichte« im Buch durch Eure tollen Bilder zum Glück ziemlich minimiert.«
Wo wir gerade bei Pferden/Füchsen sind, natürlich gilt auch mein Dank unseren beiden Pferden Hummel und Foxy. Hummel, mein Seelenpferd, sorgt mit ihrer stabilen Gesundheit dafür, dass ich nicht immer Kräuter mischen muss. »Danke dass du immer an meiner Seite bist.«
Foxy, mein Covermodel, stellt mich immer wieder vor neue Herausforderungen und treibt so meine Weiterbildung stetig voran. »Hab dich lieb, du Chaos-Vollblut, aber lass dich mal heile ...«
Natürlich möchte ich mich auch bei meinem Mann Alex bedanken, er hält mir in den stressigen Phasen immer den Rücken frei und liest fleißig meine Texte.
Zu guter Letzt muss ich natürlich noch meinen Katzen und meinem Dackel Schluri danken. »Ihr lenkt mich immer gut ab beim Schreiben und sorgt für genügend Pausen. So ist sichergestellt, dass ich nicht an der Tastatur festwachse und ab und zu etwas Sonne und frische Luft abbekomme.«

So, jetzt wünsche ich Ihnen viel Freude am Lesen. Ich hoffe, unser Buch weckt bei Ihnen ein Wohlfühlgefühl und Sie denken bei einer entspannten Tasse Kräutertee kurz an uns.
Wenn Sie mehr erfahren möchten, können Sie gerne auf folgenden Homepages stöbern oder den Personen auf Instagram/Facebook folgen.

Ihre
Kaja Grundmeyer

Kaja Grundmeyer:
www.naturheilpraxisgrundmeyer.de
Instagram: pferde_spuren
Facebook: Kaja Grundmeyer Autorenseite

Dorothea Buchheim:
www.kreativkeks.net

Jessica Verstege:
www.jv-momentaufnahmen.de
Instagram: jv_momentaufnahmen

Lea Schneider:
www.leasfotografie.de
Instagram: leasfotografie

Weitere interessante Bücher aus dem Verlag Müller Rüschlikon

Kaja Grundmeyer
Naturheilkundliche Stallapotheke für Pferde
Hausmittel, Kräuter, Bach-Blüten, Homöopathie
160 Seiten, 155 Bilder
ISBN: 978-3-275-02191-8
€ 19,95 | **€** (A) 20,60

Susanne Kleemann
Klassische Homöopathie für Sportpferde
Regelkonforme Dopingprävention
160 Seiten, 120 Bilder
ISBN: 978-3-275-02183-3
€ 19,95 | **€** (A) 20,60

Sabine Heüveldop
Mein altes Pferd
Gut versorgt, beweglich, lebensfroh
176 Seiten, 150 Bilder
ISBN: 978-3-275-02239-7
€ 19,95 | **€** (A) 20,60

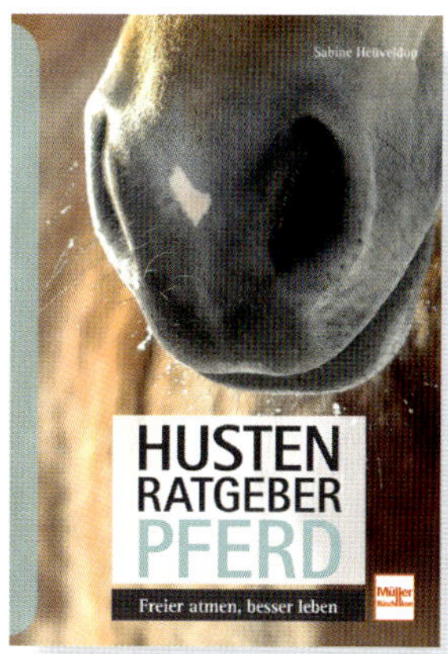

Sabine Heüveldop
Husten-Ratgeber Pferd
Freier atmen, besser leben
160 Seiten, 154 Bilder
ISBN: 978-3-275-02134-5
€ 19,95 | **€** (A) 20,60

CAVALLO ist jetzt neu!
Neuer Look & noch mehr Inhalt!
CAVALLO
CAVALLO
Reithelme im TÜV-Test
Wie sicher ist Ihr Kopf?
DOSSIER
Wenn Fremde unsere Pferde streicheln & füttern
FUTTER
Giftiger Klappertopf auf Weiden & im Heu
GELÄNDE
So profitieren Sie von Gruppen-Dynamik
GESUNDHEIT
Wie Wunden am besten heilen
Mehr Expertentipps
Mehr Pferdewissen
Mehr Inspiration
6 Trainings-Ziele für jedes Pferd
Gutes Reiten für alle – von Takt bis Versammlung:
Ausbildungs-Skala neu betrachtet
Dressurtraining sinnvoll aufbauen
Vergleich verschiedener Reitweisen
Im Handel oder hier kostenlos bestellen:
www.cavallo.de/gratistest